Christine Dosdall | Kathrin Guter-Wycisk

ANGST & STRESS beim Pferd

Symptome | Ursachen | Training

Müller Rüschlikon

Einbandgestaltung: R2 I Ravenstein, Verden

Titelfoto: Sarah Koutnik
Fotos auf der Umschlagrückseite: Larissa Koch (links), Kathrin Guter-Wycisk (rechts)

Bildnachweis:
Anna Bernhardt: S. 63, 118, 177, 181, 183, 196 unten; Astrid Blank: S, 92, 94; Christine Dosdall: S. 15, 17, 20, 21 oben, 24, 25 unten, 26 rechts, 30, 33, 36, 41 48, 53 rechts unten, 62, 64 oben, 67 rechts, 68, 76 rechts, 78, 80, 84, 88, 98, 108/109, 111, 112, 117, 126, 129, 131, 132, 134, 135, 143 rechts, 146 oben, 148, 150, 152, 154, 155, 156, 157, 158, 159, 160, 162, 163, 164, 166, 167 links, 179, 182, 184, 185, 186, 190, 192, 197, 198, 199; Inga von Gartzen: S. 16, 79, 83, 91, 115, 124, 138, 142, 196 oben; Kathrin Guter-Wycisk: S. 19, 23, 25 oben, 29, 31, 39 oben, 45, 47 rechts, 49, 58, 76 links, 86, 87, 89, 93, 101, 102, 104, 105, 106, 107, 144, 168, 169, 171, 172/173, 174, 176, 178, 191, 193, 202, 203, 204 unten, 205; Daria Heis: S. 42, 170; Izabela Jurkowska: S. 21 unten, 28 links, 72/73, 95, 200; Lisa Kittler: S. 74, 206; Larissa Kohl: S. 8, 11, 13, 35, 53 links oben, 56, 57, 60, 61, 66, 77, 120, 137, 147, 161, 175; Constanze Kölpin: S. 69, 119, 139, 141; Sarah Koutnik: S. 204 oben; Dana Löwe: S. 96, 97, 187; Michael Peter: S. 8; privat: S. 100 unten; Anna Reinhardt: S. 90; Andrea Riedhammer: S. 165, 194; Svenja Sawinski-Fischer: S. 14, 18, 22, 26 links, 27, 28 rechts, 32, 34, 37, 38, 39 unten, 40, 43, 44,46, 47 links, 50, 52, 53 rechts oben, 54, 55, 59, 65, 67 links, 70, 75, 81, 82, 85, 100 oben, 110, 113, 116, 122, 127, 128, 143 links, 145, 146 unten; Gabriele Schulz: S. 9, 64 unten, 167 rechts, 180, 195; Anna Wolff: S. 189

Die Pferde-Silhouetten stammen von Kornelia Erlewein.
Die Grafiken wurden von Christine Dosdall erstellt.

Eine frühere Ausgabe dieses Buches ist unter der ISBN 978-3-275-02097-3 erschienen.

ISBN 978-3-275-02223-6

Postfach 103743, 70032 Stuttgart
Ein Unternehmen der Paul Pietsch Verlage GmbH & Co. KG

1. Auflage 2021

Sie finden uns im Internet unter www.mueller-rueschlikon-verlag.de

Lektorat: Claudia König
Innengestaltung: R2 I Ravenstein I Kornelia Erlewein
Druck und Bindung: Graspo CZ, 76302 Zlin
Printed in Czech Republic

»Für Shawano, Naidoo und alle Angstpferde und ihre Menschen.«

Wichtiger Hinweis:
Niemals ohne Helm. In diesem Buch werden Sie einige Bilder finden, auf denen die Reiterinnen keinen Reithelm tragen. Zur eigenen Sicherheit sollte jeder Reiter einen Reithelm tragen, dies wird auch ausdrücklich von den Autorinnen empfohlen.

INHALT

Dieser Link führt Sie zu den in diesem Buch enthaltenen Medien. Die QR-Codes zu Videos und Trainingsplänen finden Sie auch an den entsprechenden Stellen in den Kapiteln.

Vorwort von Marlitt Wendt

Mein Pferd hat doch keinen Stress – Oder etwa doch?

Endlich ist sie da, die Neuauflage von »Angst, Stress und Unsicherheit beim Pferd« von Christine Dosdall und Kathrin Guter-Wycisk! Da es für mich DAS wichtigste Pferdebuch der letzten fünf Jahre ist, freue ich mich umso mehr, dass ich mit einem kleinen Vorwort meinen Beitrag dazu leisten kann. Das Thema des Buches ist für mich einfach ein Schlüsselthema zum wirklichen Verständnis der Natur des Pferdes. Pferde sind hochsensible Herden- und Fluchttiere, sie bemerken kleinste Veränderungen ihres Umfeldes direkt und haben einen starken Sinn für Stimmungsnuancen. So geschieht es häufig, dass diese wundervollen Tiere in Stress geraten oder Angst erleben. Und das nicht nur in Extremsituationen, sondern durchaus auch sehr, sehr häufig im ganz alltäglichen Leben. Wie genau sie die unterschiedlichen beteiligten Gefühle erleben und diese äußern, ist vielschichtig und zusätzlich noch von Pferd zu Pferd verschieden.

Darüber hinaus erscheint es vielen auch langjährigen Pferdeliebhabern fast unwirklich, dass auch das eigene Pferd möglicherweise regelmäßig Stress erlebt. Es ist vielen überhaupt nicht bewusst, dass Stress und Unsicherheit auf der einen Seite zum ganz natürlichen Leben eines Pferdes gehören, aber auf der anderen Seite auch viele wohlbehütete Freizeitpferde ein Übermaß an eben diesem Stress erleben und dadurch ein Stressproblem entwickeln können. Stress zeigt sich darüber hinaus nicht immer direkt und offensichtlich, sondern kann sich längere Zeit unbemerkt entwickeln und nach und nach zu handfesten und zum Teil chronischen Beschwerden entwickeln. Die Folgen von chronischem Stress haben es in sich. So manch sogenanntes Verhaltensproblem von Überreaktionen beim Reiten bis hin zu Unverträglichkeiten in der Herde kann ebenso stressbedingt sein wie viele, viele Krankheitsbilder. Wann immer ein Pferd also nicht so agiert wie man es sich vorstellt, es sich scheinbar weigert mitzuarbei-

ten, sich nicht in der Gruppe wohlfühlt oder aber diffuse gesundheitliche Themen immer wieder auftauchen, sollte man an Stress im Pferdeleben denken.

Als Verhaltensbiologin fragen mich viele Reiter um Rat, wenn sie sich das Verhalten ihres Pferdes nicht erklären können oder aber in manchen Situationen damit überfordert sind. Oft liegt zu diesem Zeitpunkt bereits eine längere Leidensgeschichte hinter ihnen. Denn viele Trainer, Reitlehrer oder andere hinzugezogene Profis erkennen die zugrundeliegenden Probleme nicht oder wollen sie nicht wahrhaben. Viele Reiter sind zudem an das allgegenwärtige Bild von abgestumpften, ängstlichen, überforderten oder gestressten Pferden gewöhnt.

Aber wenn die verhaltensbiologische Verknüpfung von Stress, Angst oder Unsicherheit einmal aufgedeckt ist, dann geht es an die Detektivarbeit. Was genau stresst das Pferd? Woran erkennt man Stress und Angst überhaupt? Welche typischen stressbedingten Ursachen, Reaktionen und Verhaltensweisen gibt es? Welche Trainingsansätze gibt es? Alle Antworten darauf von den biologischen Vorgängen im Gehirn über das Lernverhalten des Pferdes bis zu handfesten Trainingstipps für schwierige Situationen liefert dieses einmalige Buch.

Also geht es jetzt zunächst daran es zu lesen. Danach daran zu verstehen und hinein zu fühlen, damit man dann wiederum das eigene Pferd beobachten kann, sein Verhalten analysieren kann und einen neuen, stressarmen und pferdegerechten Weg in ein erfülltes Pferdeleben entwickeln kann. Denn das sind wir unseren Pferden schuldig.

Viel Freude und so manches Aha-Erlebnis beim Lesen wünsche ich,

Marlitt

Einleitung

Kathrin Guter-Wycisk

Ein Buch über ängstliche Pferde, über Pferde, die schon mit ganz normalen und alltäglichen Dingen überfordert sind, und die es ihren Besitzern oft nicht leichtmachen – das hätten wir uns früher gewünscht. Ein Buch, das Erklärungen liefert und ein auf die Bedürfnisse der Pferde abgestimmtes Trainingskonzept vorstellt. Die vorherrschende Meinung in der Pferdewelt macht es Besitzern von »Problempferden« nicht gerade leichter, zu ihren Tieren zu stehen und vor ihren Pferden zu stehen, wenn es wichtig ist. Es ist so leicht, ein Pferd mit Hilfe von Druck und aversiven Mitteln in Angst zu versetzen, und damit eine Verhaltensänderung herbeizuführen. Doch es ist um ein Vielfaches schwieriger, diesen Tieren ihre Angst wieder zu nehmen und ihnen ihr Vertrauen, ihren Mut und ihren eigenen Willen zurückzugeben. Machen Sie sich auf die Reise und lernen Sie, wie mit Hilfe der positiven Verstärkung aus Management sinnvolles Training und aus Überforderung Hinsehen, Hinhören und Hinfühlen wird. Aus Frustration wird Freude – die Freude, die man empfindet, wenn sich zwei Partner im Einklang befinden.

In diesem Buch finden Sie viele Geschichten von ganz besonderen Pferden, die es in ihrem Leben – und auch mit uns – nicht immer leicht hatten. Es nun schon in überarbeiteter Auflage gemeinsam zu schreiben, war eine wundervolle Gelegenheit, unser gesammeltes Wissen dafür zu nutzen, in der Zukunft anderen Pferden Dinge zu ersparen, die unseren Pferden leider nicht mehr nachträglich zurückgegeben werden können.

So verbinden sich Jahre des Lernens und Lehrens in der gleichen Sache zum Wohle hoffentlich vieler Menschen und Pferde, die noch am Anfang dieses Weges stehen. In diesem Sinne wünschen wir Ihnen viele wundervolle und beglückende Erlebnisse mit Ihrem Pferd. Nehmen Sie aus diesem Buch so viel Sie möchten für sich und Ihr Pferd mit, lassen Sie sich nicht entmutigen, brechen Sie gemeinsam auf, und gehen Sie Ihren Weg!

Christine Dosdall

Haben Sie Fragen zu Theorie und Praxis? Die Autorinnen helfen Ihnen gerne weiter und bieten bei Bedarf diverse Online- und Präsenzangebote an. Sie erreichen Sie unter den folgenden E-Mail-Adressen:

Kathrin Guter-Wycisk: info@kreativepferde.de | www.kreativePferde.de
Christine Dosdall: info@clickertiere.de | www.ClickerTiere.de

Teil I –

Biologie & Gehirn

Das Pferd – ein Angsthase?

Einem Urgefühl auf der Spur

Sicher kennen Sie Situationen, in denen sich Ihr Pferd offensichtlich fürchtet, zum Beispiel, wenn der entspannte Waldausritt plötzlich von einem Schuss unterbrochen wird und Ihr, bis dahin völlig ruhiges Pferd, mit einem heftigen Sprung zur Seite reagiert. Vielleicht kennen Sie auch die Situation, dass sich ein Pferd, sobald sich der Besitzer nähert, nicht mehr einfangen lässt, oder Pferde, die bereits beim Betreten von Halle, Round Pen oder Reitplatz zu äppeln anfangen.

Auch Probleme unter dem Reiter wie Steigen, Buckeln oder Durchgehen und unerwünschtes Verhalten beim Verladen und bei der Hufpflege sind in irgendeiner Form fast jedem Reiter oder Pferdebesitzer bekannt. Oft wird aber im Zusammenhang mit solch unerwünschtem Verhalten schnell und leichtfertig ein Dominanzproblem attestiert. Nicht nur wohlmeinende Miteinsteller, sondern auch Fachleute wie Trainer, Tierärzte oder Hufpfleger sind schnell mit dem Dominanz-Etikett bei der Hand.

*Betrachten wir unser Pferd als das,
was es ist – ein wundervolles und
einzigartiges Wesen.*

Von tierischen Maschinen, Gefühlen und Philosophen

Wussten Sie, dass noch vor wenigen Jahrhunderten Pferde und andere Tiere lediglich als belebte Maschinen angesehen wurden? Äußerst schmerzhafte Manipulationen und eine unangemessen harte Behandlung waren durchaus üblich, sah sich doch der Mensch als Krone der Schöpfung und als einzig mit Gefühlen ausgestattetes Individuum. Descartes prägte nicht nur den Satz »Ihre Schmerzensschreie bedeuten nicht mehr als das Quietschen eines Rads!«, sondern auch die noch lange vorherrschende Trennung von Körper und Geist.*

Erst Konrad Lorenz und Nikolaas Tinbergen zeigten mit einer vergleichenden Verhaltensforschung einen wissenschaftlich akzeptierten Weg. Doch auch deren Instinktlehre galt bald als überholt und daher wissen wir heute, dass Verhalten und die dazugehörenden Motivationen deutlich komplexer sind, als jemals zuvor angenommen.
Unsere Pferde mit ihren Gefühlen, Bedürfnissen und Verhaltensweisen zu verstehen, ist also ein Weg, der noch lange nicht beendet ist. Doch es lohnt sich, ihn zu gehen, um diesen wundervollen und einzigartigen Tieren näherzukommen und um uns an einem großartigen Geschenk zu erfreuen – einem kurzen Blick in ihre Seele! Und vielleicht bleibt am Ende doch nur die Erkenntnis, dass das Verhalten, genauso wie das Leben, ein Wunder ist!

** René Descartes (*1596, † 1650) war ein französischer Philosoph, Mathematiker und Naturwissenschaftler.*

Manchmal versteckt es sich auch hinter dem Schlecht-Erzogen-Etikett, wobei die Liste der Etiketten endlos zu sein scheint.

Und sicher haben Sie schon Geschichten über Pferde gehört, die in Panik scheinbar überpferdische Kräfte entwickelt und sich selbst oder ihre Besitzer schwer verletzt haben.

Das alles sind Beispiele für Verhaltensweisen, die im Kontext der Angst mit all ihren Facetten auftreten können. Denn die Angst ist, sowohl beim Pferd als auch beim Menschen, ein wichtiger Bestandteil des Lebens. Obwohl sie Auslöser eines Großteiles der vom Menschen unerwünschten Verhaltensweisen ist, haben wir gleichzeitig Probleme damit, Angst und Furcht immer richtig zu interpretieren.

Angst zu erfahren und vor allem sie zu bewältigen, prägt und formt das Pferd. Sie nicht zu kennen, wäre sein sicheres Ende, und obwohl ihr Ruf nicht der allerbeste ist, und sie nach Möglichkeit vermieden wird, ist sie doch ein Wunder der Evolution. Ein komplizierter und ausgetüftelter Mechanismus, über Jahrtausende erprobt im Praxiseinsatz, der das Pferd davon abhält, sich einen Abhang hinunterzustürzen, mit Wölfen zu spielen oder – um in unserer heutigen Zeit zu bleiben – an einem Traktor vorbeizugehen, in einen Hänger zu steigen und sich vom wohlmeinenden

Gemeinsam in die gleiche Richtung schauen und potenzielle Auslöser frühzeitig erkennen.

Tierarzt behandeln zu lassen. Zusätzlich sorgt sie zuverlässig dafür, dass sich das Pferd auch beim nächsten Tierarztbesuch nicht entspannt behandeln lässt und um den nächsten Traktor oder Hänger sicherheitshalber einen doppelt so großen Bogen macht.

Auch wenn wir als Pferdebesitzer auf einige dieser »Effekte« sehr gut verzichten könnten, erfüllt die Angst doch wichtige Aufgaben: Angst soll Leben retten, schützt vor Gefahr und ist wegweisend für Entwicklung und Lernen des Pferdes. Sie ist sozusagen die Alarmanlage des Körpers. Sie ist beteiligt, wenn sich das Pferd erschreckt, und sein Heil lieber in der Flucht sucht, aber auch dann, wenn Pferde aggressiv reagieren.

In diesen bedrohlichen Situationen, dann, wenn keine Zeit bleibt, um neue Strategien zu entwickeln oder lange das Für und Wider einer bestimmten Reaktion zu überdenken, meldet sie sich. Nicht zu Wort, sondern mit nachdrücklichen körperlichen Empfindungen – diese nennen wir dann, je nach Erfahrung, Angst, Furcht, Unsicherheit oder Stress. Pferde können, im Gegensatz zum Menschen, dieses Alarmsystem nicht umgehen, indem sie das Gefühl verdrängen. Springt es erst einmal an, antwortet der Körper, indem er eine ganze Reihe von chemischen Botenstoffen aussendet.

Die Stressreaktion, die wir uns im Kapitel »Denken, Fühlen, Spüren – wie die Angst ins Pferd gelangt« noch genauer ansehen werden, erhöht die Aufmerksamkeit und mobilisiert alle vorhandenen Kräfte für eine mögliche Flucht. Das Pferd, das sich ursprünglich als steppenbewohnendes Beutetier entwickelte, hat diese Methode zur Lebenserhaltung perfektioniert. Seit tausenden von Jahren besteht seine Überlebensstrategie daraus, aus angst- und furchteinflößenden Situationen zu fliehen. Sein Körper ist dafür optimiert. Das Herz-Kreislaufsystem, die Atmung und die Sinnesorgane helfen dem Pferd, möglichst früh und schnell auf Bedrohungen, wie zum Beispiel Raubtiere, zu reagieren. Aber auch ungewohnte Gerüche, Geräusche oder andere unbekannte Sinneseindrücke können eine plötzliche Flucht auslösen. Wie nahe ein ängstigender Reiz dem Tier dabei kommen darf, ist individuell verschieden, und auch die Entfernung, die Pferde bei der Flucht zwischen sich und die Reizquelle bringen, ist unterschiedlich.

Dabei bedeutet Angst auch immer Stress. Im Normalfall läuft alles rund, der bedrohliche Reiz wird wahrgenommen, das Tier verspürt Angst, diese wiederum setzt die Stressreaktion in Gang, welche dann mit einer bewältigenden Handlung endet. Dadurch bauen sich die Stress-Symptome ab und die Angst verfliegt. So sollte es laufen und so läuft es häufig auch, nur gibt es einige Stolperstellen in unserer vom Menschen geprägten Welt, in der sich die Pferde heute zurechtfinden müssen.

Und selbst eine sinnvolle Flucht, also dann, wenn wirklich Gefahr in Verzug ist, kostet – nämlich Energie. Ständiges kopfloses Davonstürmen vor vermeintlichen Gefahren würde unser Pferd deutlich zu viel kosten. Deshalb ist es unsinnig, den Körper ständig in Alarmbereitschaft zu halten. Das würde bedeuten, dass das Pferd dauerhaftem, also chronischem Stress ausgesetzt wäre und dadurch erhebliche körperliche und geistige Schäden erleiden

Angst hat eine Warn- und Schutzfunktion, auch wenn wir als Pferdehalter manchmal gut darauf verzichten könnten.

würde, was letztlich sogar in seinem Tod enden könnte. Angst kann also nur unbeschadet überstanden werden, wenn ein ausgewogenes Verhältnis zwischen Wohlbefinden, Alarmbereitschaft und Stressreaktionen besteht. Genau hier liegt aber das Problem, denn ist dieses sensible Gleichgewicht erst einmal gestört, beginnt meist ein Kreislauf, aus dem die Tiere nicht mehr selbstständig ausbrechen können.

Die bevorzugte Strategie in potenziell gefährlichen und unbekannten Situationen ist die Flucht.

Wahrnehmung und Flucht

Wussten Sie, dass Pferde ihre Umgebung ständig im Blick haben, um mögliche Gefahren frühzeitig zu erkennen? Deshalb ist der Schutz der Herde für die Tiere so wichtig. Nicht immer ist die Reizquelle dabei für uns konkret auszumachen. Gerüche und Geräusche sind für Menschen zum Beispiel schwieriger als Auslöser zu erkennen als eine optische Reizquelle.

Wie Pferde uns als Menschen wahrnehmen, haben wir selbst in der Hand, doch oft ist das Verhältnis von Furcht geprägt. Zum einen, weil es für uns schwierig ist, Angst und Furcht beim Pferd auch als diese zu erkennen und angemessen darauf zu reagieren, zum anderen, weil die menschlichen Reaktionen als solche dem Pferd häufig zusätzlich Angst machen.

Ängstliche Pferde – eine Spurensuche

Während manche Pferde für ihre Besitzer durchs sprichwörtliche Feuer gehen, gibt es auch solche, die vermeintlich endlos Probleme machen und ihre Menschen damit vor immer neue Fragen und Herausforderungen stellen. Häufig verfügen solche Pferde bald über eine Vielzahl an unerwünschten Verhaltensweisen. Mal stören eine Pfütze oder die spielenden Nachbarskinder, mal sind es die Kumpels auf der Weide, die das Pferd nur ungern verlassen möchte. Oft kann gar kein genauer Auslöser ausgemacht werden. Und manchmal sind es auch Verhaltensweisen, die wir erst einmal nicht mit Angst oder Furcht in Verbindung bringen, wie Drohen, Beißen, Schlagen oder Steigen.

Die Frustration und der Leidensdruck der Besitzer steigen, je weniger sie ihr Tier einschätzen und auch nutzen können. Denn meist sind mit dem problematischen Verhalten erhebliche Nutzungseinschränkungen verknüpft. Hier kann es schnell zu äußerst unangenehmen Folgen für beide Seiten kommen. Während Pferde versuchen, innerhalb ihrer Möglichkeiten auf eine für sie ängstigende Situation zu reagieren, kann dies für den Menschen durchaus gesundheitsschädliche Folgen haben. Doch in den

Mit guter Vorbereitung kann vieles gemeistert werden.

Der Umgang mit Angstpferden ist für ihre Besitzer häufig nicht leicht.

allermeisten Fällen sind solche Unfälle nur auf den ersten Blick die Folge des Pferdeverhaltens, hätte man doch mit besserem Verständnis, Einfühlungsvermögen und geschultem Blick einiges im Vorfeld vermeiden können. Um das Pferd und seine Strategien in Bezug auf Angst besser kennen und damit auch verstehen zu lernen, lohnt sich ein kurzer Ausflug in die Entwicklung der Pferde.

Mit Einfühlungsvermögen können Problemsituationen frühzeitig entschärft werden.

Ein kurzer Ausflug in die Evolution der Pferde

Vom Urpferdchen, einem in den Wäldern Europas und Asiens beheimateten, fuchsgroßen Tieres namens Eohippus, machte die Entwicklung des Pferdes schon bald den entscheidenden Schritt. Vom Waldtier, das Zuflucht im Dickicht suchte, zum Bewohner der freien und weiten Steppenlandschaft, der zur Verteidigung seines Lebens auf schnelle Sprints setzte. Vor ca. 25 Millionen Jahren hatte sich das Gebiss der Pferde schon an die härteren Gräser des neuen Lebensraums angepasst. Nach weiteren 20 Millionen Jahren war ein ziemlich pferdeähnliches Pferdchen entstanden. Wir hätten es sicher schon als solches erkannt. Es erkundete die Steppe bereits auf einer mit Hornschutz versehenen

Die Sinne der Pferde haben sich schon früh entwickelt.

Zehe, besser bekannt als Huf. Seine Sinnesorgane, Augen, Ohren, Nase, Mund und Haut mit den zusätzlichen Tasthaaren, entsprachen bereits damals denen unserer heutigen Pferde. So wie sich das Äußere der Pferde entwickelte und sich den vorherrschenden Umweltbedingungen anpasste, entwickelten sich auch Gehirn und Nervensystem und damit die Möglichkeiten, auf Stress und Angst angemessen zu reagieren. Im Kapitel »Denken, Fühlen, Spüren – wie die Angst ins Pferd gelangt« werden wir uns noch einmal genauer ansehen, wie komplex der Ablauf einer Stressreaktion in Gehirn und Körper aufgebaut ist.

Für das Beutetier Pferd war es jedenfalls immer wertvoll, Feinde sehr früh zu erkennen, und so haben sich auch die Sinnesorgane für genau diese Aufgabe entwickelt und spezialisiert. Ihre Funktionsweise unterscheidet sich zum Teil deutlich von der unserer Sinnesorgane, so können wir Menschen uns sicher nur schwer vorstellen, wie sich die Wahrnehmung über Tasthaare anfühlen könnte. Besonders auffallend sind auch die großen Augen der Pferde, die im Gegensatz zu unseren seitlich am Kopf platziert sind. Damit nehmen Pferde ihre Umgebung ganz anders wahr als wir Menschen, zum Beispiel können sie Farben wahrscheinlich in einem ganz anderen Verhältnis wahrnehmen. Ganz einig sind sich die Wissenschaftler darüber jedoch nicht.

Ganz im Gegensatz zum Gesichtsfeld des Pferdes. Dieses wurde bereits sehr gut untersucht und liefert uns Erklärungen für so manches pferdespezifische Verhalten. So haben Pferde eine fast komplette Rundumsicht. Das bedeutet, dass sie Bewegungen auch von seitlich hinten kommend wahrnehmen können, zwar nicht ganz deutlich, aber dennoch deutlich genug, um bei unbekannten Reizen zu fliehen. Direkt hinter dem Pferd befindet sich eine Blindzone, die es aber je nach Kopf und Halsstellung ausschalten kann. Und auch den Reiter auf seinem Rücken kann es nicht ohne Weiteres sehen, dazu muss es den Kopf leicht drehen können. Hier kommt es vor allem bei Jungpferden und unerfahrenen Pferden zu Furcht oder Abwehrreaktionen, wenn zum Beispiel das Bein des Reiters plötzlich im Blickfeld auftaucht.

Pferdeaugen sind also, wie auch alle anderen Sinne des Pferdes, an ein Leben in der Weite angepasst. Scheut ein Pferd plötzlich besonders oft, wo es früher ganz anders reagiert hätte, sollte immer auch eine Augenerkrankung als mögliche Ursache in Betracht gezogen werden. So ist es gerade bei Angstpferden besonders wichtig und lohnenswert, die artspezifischen Eigenheiten zu kennen und zu verstehen. Zum besseren Verständnis ist es ratsam, sich mit den speziellen Bedürfnissen der Tiere zu beschäftigen. Das können sowohl rassespezifische Bedürfnisse sein als auch all die Eigenheiten, die unsere Pferde über Jahrtausende entwickelt haben.

Was vom Wildpferd übrig blieb – Grundbedürfnisse

Natürlich haben wohl die wenigsten ein Wildpferd und erst Recht kein Urpferd im Stall oder auf der Koppel stehen, was die Sache eindeutig erleichtert. Denn an den Vorfahren unserer Hauspferde hätten wir sicher weniger Spaß, waren diese doch deutlich ängstlicher, nervöser und weniger berechenbar. Über die Jahrtausende ihrer Haustierwerdung wurden die Pferde jedoch immer zahmer, weniger ängstlich und vor allem weniger aggressiv als ihre wildlebenden Verwandten. Sicherlich suchte sich der Mensch dafür auch eben diese ruhigeren und gelasseneren Exemplare zur Zucht aus, denn diese waren deutlich leichter in Umgang und Haltung.

Erschrecken Pferde unter dem Reiter, liegt das oft am beengten Gesichtsfeld – hier war es allerdings das plötzliche Auftauchen des Fotografen.

Haustierwerdung – Domestikation

Die Domestikation, also die Haustierwerdung, hat beim Pferd viele verschiedene Farben, Verhaltensweisen und Rassen, vom riesigen Shire bis zum winzigen Falabella Pony hervorgebracht. All diese Rassen wurden für viele unterschiedliche Anforderungen und Einsatzmöglichkeiten gezüchtet und haben teilweise sehr unterschiedliche Ansprüche an ihre Haltungsbedingungen.

Auch die Gehirne der Pferde wurden, wie bei allen Haustieren, mit ihrer Zähmung deutlich kleiner. Vor allem das limbische System und die Gehirnteile, die für die Verarbeitung von optischen Reizen zuständig sind, waren davon betroffen. Was zunächst wie ein Nachteil klingt, erwies sich für Pferd und Mensch bei genauerer Betrachtung als deutlicher Vorteil. Dadurch wurden unsere Hauspferde nämlich gelassener und weniger furchtsam. Da sie nicht mehr ständig wachsam sein mussten, führte das zu einer deutlichen Stressreduzierung. Die Fluchtbereitschaft nahm ab und ihrer Nutzung als Reit-, Fahr- und Zugpferd stand nichts mehr im Weg.

Wussten Sie, dass unsere heutigen Hauspferderassen alle von nur 77 Wildpferdestuten abstammen? Diese wurden vor ca. 5000 Jahren, zu Beginn der Haustierwerdung, in ganz unterschiedlichen Regionen der Erde gefangen und gezähmt. Im Zuge dieser kontrollierten Fortpflanzung änderte sich auch die Erbinformation. Unsere heutigen Hauspferde besitzen 64 Chromosomen, im Vergleich dazu haben Przewalskipferde immerhin 66.

Die heutigen Hauspferde sind deutlich entspannter als ihre Vorfahren.

Vom Shetty bis zum Shire – ein bisschen Wildpferd steckt in allen Hauspferden.

Ein bisschen Wildpferd steckt aber trotzdem auch in jedem Hauspferd. Zwar haben sich durch die Domestikation Aussehen und vor allem das Verhalten entscheidend verändert, doch die Grundbedürfnisse der Gattung Pferd, die sich, wie Sie schon erfahren haben, über unglaublich lange Zeiträume entwickelt haben, lassen sich nicht so einfach ändern. Um das arttypische Verhalten der Hauspferde zu betrachten, lässt sich das Ergebnis von 60 Millionen Jahren Evolution ganz grob auf drei Worte reduzieren: Fluchttier, Herdentier, Steppentier. Diese Einteilung dient an dieser Stelle nur der ganz groben Zuordnung der Grundbedürfnisse und wird auf keinen Fall der komplexen Natur des Pferdes und den sozialen Gefügen, in denen es sich bewegt, gerecht. Leidet ein Pferd aber bereits unter einer Angststörung, ist es für eine erfolgreiche Therapie unabdingbar, dem Tier zumindest diese Grundbedürfnisse als Basis für sinnvolles Training zu erfüllen. Ein Mangel in Haltung und Umgang würde zu einer deutlich schlechteren Prognose hinsichtlich des Trainingserfolges führen.

Ponys freuen sich über Ponyherden – so können auch kleine Pferde ihr Bedürfnis nach Sozialkontakten voll ausleben.

Dieses Pferd hat Angst, was man deutlich an Mimik und Körpersprache erkennen kann.

Das Pferd als Fluchttier

Sie haben bereits erfahren, dass die Flucht die bevorzugte Strategie der Pferde ist. Dieser Anteil des Wildpferdeverhaltens ist gleichzeitig auch derjenige, der uns Menschen die meisten Sorgen bereitet und der ursächlich für eine Fülle an problematischen Verhaltensweisen und Verständigungsfehlern ist. Sich klarzumachen, dass ein Pferd im Fluchtmodus immer Angst hat, ist die eine Seite. Angst niemals und unter keinen Umständen zu bestrafen, die andere. Sie werden im Verlauf des Buches noch erfahren, wie vielfältig die Wechselwirkungen zwischen Angst und Strafe sein können.

Eine Auswirkung, die nie ausbleibt, wenn Angst bestraft wird, ist, dass die Angst des Pferdes nicht weniger wird, sondern mehr. Immer! Sobald Sie angstmotiviertes Verhalten mit einem weiteren aversiven Reiz koppeln, wird die Angst zunehmen, auch wenn sich das Verhalten scheinbar zunächst in die gewünschte Richtung verändert. Die dahinterstehende Emotion wird immer stärker und kann sich bei einem Fluchttier durchaus bis zur Panik steigern oder aber die Seele und Psyche über ein erträgliches Maß hinaus belasten. Dieser Zustand ist unter dem Namen erlernte Hilflosigkeit bekannt geworden. Pferde für ihr arttypisches Verhalten zu bestrafen, ist schlichtweg grausam! Ihnen noch mehr Angst zu machen, um damit die ursprüngliche Angst zu »korrigieren«, ist dazu nicht nur gefährlich, sondern zeugt von echter Gedankenlosigkeit und ist ganz sicher nicht im Sinne des Pferdes, auch wenn uns manche Trainingskonzepte das gerne glauben machen wollen.

Auch wenn Flucht die bevorzugte Strategie des Pferdes ist, können durchaus Verhaltensweisen aus dem Bereich aller der vier Handlungsmöglichkeiten (mehr dazu im Kapitel »Flucht oder Angriff«) im Kontext von Angst und Furcht vorkommen. Auch das sollten wir immer im Hinterkopf behalten.
Nur weil ein Pferd nicht sofort flieht, bedeutet das noch nicht, dass Angst als zugrundeliegende Emotion ausgeschlossen werden kann. Oft können Pferde ihr arteigenes Fluchtverhalten gar nicht mehr ausleben, da ihr Aktionsradius zum Beispiel durch die Boxenhaltung stark eingegrenzt ist. Um dieses Bedürfnis zu befriedigen, kommt es oft zu Ersatzhandlungen, die auf den ersten Blick nicht zur Kategorie Fluchtverhalten gezählt werden würden.

Auch Angriff ist eine mögliche Strategie, um sich einen ängstigenden Reiz vom Hals zu halten.

Fluchtverhalten und Ersatzhandlungen auf einen Blick

Wenn Pferde einen beängstigenden Reiz wahrgenommen haben, ist ihre bevorzugte Strategie die Flucht. Sie versuchen, je nach Individuum, mehr oder weniger Distanz zur Gefahrenquelle aufzubauen. Diese Fluchtstrecke kann durchaus mehrere hundert Meter betragen. Unter den beengten Haltungsbedingungen, in denen unsere Hauspferde heute leben, wird dieses natürliche Verhalten meist sehr stark eingeschränkt. Dafür haben sich diverse Ersatzhandlungen entwickelt: Ausweichen oder Zur-Seite-Springen, Kleben, Durchgehen, Buckeln, Steigen, Aufder-Stelle-Trippeln, an etwas oder jemandem nicht vorbeigehen wollen und viele mehr. Werden diese Möglichkeiten noch weiter begrenzt, weil das Pferd zum Beispiel in der Box nicht ausweichen kann, erfolgt häufig ein Drohen gegen den Menschen, aber auch Angriffe sind möglich und sogar wahrscheinlich. Hat das Pferd einen beängstigenden Reiz wahrgenommen, ist es durchaus normal, dass es sich diesen erst nach Vergrößerung des Abstands noch einmal genauer ansieht. Dieser individuelle Abstand wird als Fluchtdistanz bezeichnet und unterscheidet sich von Pferd zu Pferd. Er ist ebenfalls abhängig von der Situation, in der das Pferd sich befindet.

Die Fluchtreaktion kann durch kontrolliertes Training über positive Verstärkung oder Gewöhnung ausgeschaltet oder eingedämmt werden. Solange sich das Pferd im Fluchtmodus befindet, ist es nicht aufnahmebereit und kann nicht mit dem Menschen zusammenarbeiten. Das bedeutet, dass ein sinnvolles Training nicht stattfinden kann. Deswegen ist es wichtig, bei ängstlichen Pferden auf ausreichende Sicherheit zu achten. Das Pferd sollte sich in Anwesenheit des Menschen immer sicher genug fühlen, um auf dieser Basis aufbauen und zum Beispiel ein Alternativverhalten etablieren zu können.

Die Fluchtdistanz ist von Pferd zu Pferd unterschiedlich.

Wird das Pferd hektisch, fahrig und nervös, kann es das Futter teilweise oder gar nicht mehr aufnehmen (wobei ein beträchtlicher Anteil des Futters auf den Boden fallen kann), beißt es nach oder verweigert es sogar hochwertiges Belohnungsfutter, ist das immer ein Alarmsignal! Wenn wir uns im Training mit Angstpferden den jeweiligen Angstzustand, die auslösenden Reize und das damit verbundene Stresslevel als Ampel vorstellen, ist es eindeutig ein rotes Warnlicht, wenn das Pferd nicht mehr fressen kann. Das bedeutet immer Stopp! Hier kann und darf nicht mehr trainiert werden.

Beim Nachbeißen und Futterschleudern befinden wir uns, je nach Ausprägung, im orangen bis roten Bereich. Hier muss der nächste Schritt sehr bewusst und überlegt gewählt und im Zweifelsfall das Training sogar abgebrochen werden. Dieses sollte zu Beginn ausschließlich im grünen Bereich stattfinden. Im roten Bereich findet niemals Training statt!

Nimmt das Pferd kein Belohnungsfutter mehr auf, ist dies ein deutliches Anzeichen dafür, dass der grüne Trainingsbereich verlassen wurde.

Hier ist der Wohlfühlbereich eindeutig überschritten. Auf die vorhergehenden Stressanzeichen der Stute wurde nicht eingegangen, weshalb ihr keine andere Möglichkeit mehr blieb als die Gegenwehr.

Das Pferd als Steppentier

Auch in diesem Bereich kann das Pferd bis zum heutigen Tag seine Herkunft nicht verleugnen. Um sich wohlzufühlen, benötigt es immer noch sehr energiearme, aber dafür rohfaserreiche Nahrung und das über einen langen Zeitraum hinweg. Pferde sind also genetisch darauf programmiert, ungefähr 15 Stunden am Tag mit der Nahrungsaufnahme zu verbringen. Sie fressen selbst mit vollem Magen immer weiter, da dieser keine Rezeptoren besitzt, um dem Tier zu signalisieren, dass er voll ist. Pferde sind also nicht verfressen, sie stillen einzig und allein ein für sie wichtiges und völlig natürliches Bedürfnis. Man nimmt an, dass dieses Kaubedürfnis direkt von der Anzahl der Kaubewegungen des Pferdes abhängig ist und dadurch gesteuert wird.

Weitere Kriterien für ein glückliches Pferdeleben sind Bewegung und Licht. Pferde benötigen beides und können dafür sogar extreme Temperaturen gut in Kauf nehmen. Ihr ganzes Verdauungssystem ist an die ständige ruhige Bewegung während der Futteraufnahme angepasst. Diese langen Phasen der ruhigen Bewegung benötigen Pferde auch heute noch.

Verhaltensauffälligkeiten und unerwünschtes Verhalten treten erwiesenermaßen eher auf, wenn wenig rohfaserreiches Futter zur Verfügung gestellt wird und die Pausen zwischen den Fresszeiten zu groß sind. Dann nämlich können die Tiere unmöglich ihre arteigene und genetisch festgelegte Beschäftigungsdauer, die sie mit der Nahrungsaufnahme verbringen sollten, befriedigen. Verhaltensstörungen wie Koppen oder Weben sollen im direkten Zusammenhang mit der Frustration durch zu kurze Fresszeiten und einem dauerhaften Mangel an sinnvoller Bewegung stehen. Dieser Bewegungsmangel führt außerdem gerne zu Temperamentsausbrüchen und anderen unerwünschten Verhaltensweisen. Deshalb sollte in artgerechten Haltungssystemen immer ein genügend großer Bewegungsanreiz geschaffen werden, wie zum Beispiel durch die in Aktiv- oder Bewegungsställen übliche Trennung in unterschiedliche Funktionsbereiche.

Pferde sollten ihr Kaubedürfnis ungehindert befriedigen können.

Wenn die Ressourcen stark eingeschränkt werden, sind Auseinandersetzungen an der Tagesordnung.

Die Herde bedeutet so viel mehr als nur Sicherheit – diese drei scheinen zu spielen, wobei der Fuchs in der Mitte deutlich seine Unsicherheit zeigt. Beachten Sie den eingeklemmten Schweif und den körpersprachlichen Ausdruck.

Das Pferd als Herdentier

Pferde sind Herdentiere, das weiß jedes Kind. Pferde haben eine strikte, lineare Rangordnung, es gibt dominante und subdominante Pferde und der Allerdominanteste ist auch gleichzeitig der Chef. Nur so kann eine Herde funktionieren – das ist auch heute noch oft die gängige Meinung. Dass Herdenstrukturen und Hierarchien keineswegs nur linear von oben nach unten funktionieren, beweist die Wissenschaft. Und dass eben diese gängige Meinung uns bei Angstpferden zum Verhängnis werden kann, beweist die Praxis.

Pferde leben in – immer noch nicht vollständig erforschten – ausgeklügelten Sozialstrukturen. Es gibt Freundschaften, die auch über »Rangunterschiede« hinweg bestehen und diese sogar außer Kraft setzen. Unterschiedliche Rassen haben unterschiedliche Gepflogenheiten und Dialekte, denn Pony ist nicht gleich Pferd. Aber auch Pferd ist nicht gleich Pferd. So haben Warmblüter andere Umgangsformen als Vollblüter und Kaltblüter fühlen sich besonders in kleineren, konstanten Herden wohl. Ponys suchen Körperkontakt zu Herdenmitgliedern, während das typische Deutsche Warmblut aufgrund seines größeren Individualbereiches eher nicht auf Kuscheln steht.

Gerade aus dem Bereich der Verhaltensforschung dringt immer mehr neues Wissen in immer mehr Ställe vor und leistet so einen wichtigen Beitrag zum Tierschutz. Fest steht, dass eine Pferdeherde mehr ist als die Summe der einzelnen Tiere. Diese art- und typgerecht zusammenzustellen, erfordert Feingefühl und Wissen.

Beschwichtigungssignale – Calming Signals

Im sozialen Miteinander der Herde nutzen Pferde häufig sogenannte Beschwichtigungssignale, um einen aufkommenden Konflikt zu entschärfen. In sozialen Gruppen kommt es natürlich immer mal wieder zu Unstimmigkeiten, wodurch das einzelne Tier gestresst ist und je nach Kontext und Situation auch deutlich Furcht oder Angst vor einem aggressiven Gegenüber zeigt. Um es gar nicht so weit kommen zu lassen, versuchen Pferde ihr Gegenüber mit eben diesen Gesten zu beschwichtigen und drücken damit ihre Unsicherheit oder Irritation aus.

Dabei wenden Pferde die Beschwichtigungssignale nicht nur gegenüber anderen Pferden an, wenn sie sich bedroht oder unsicher fühlen, sondern auch in der Kommunikation mit dem Sozialpartner Mensch. Zu den bekanntesten Beschwichtigungssignalen zählen häufiges Gähnen, Lecken oder Leerkauen, aber auch das Abwenden des Blickes oder des gesamten Körpers. Der Übergang zu anderen Verhaltensweisen und Übersprunghandlungen ist dabei fließend und muss immer kontextbezogen betrachtet werden.

Unterschiedliche Pferderassen sprechen häufig völlig unterschiedliche »Dialekte«.

Gähnen kann in der Kommunikation mit dem Sozialpartner Mensch sowohl ein Beschwichtigungssignal darstellen als auch eine Übersprunghandlung sein.

Werfen wir an dieser Stelle noch einen kurzen Blick zurück auf das Herdentier Pferd. Weil große Herden nicht immer einfach zu überschauen waren und ein Tumult nicht immer sofort als Angriff eines Raubtiers wahrgenommen werden konnte, hat sich die Evolution etwas Besonderes einfallen lassen. Pferde können die Stimmungen ihrer Artgenossen und Herdenmitglieder äußerst sensibel deuten. Allein der Anblick eines fluchtbereiten Pferdes mit hoch erhobenem Kopf und der angespannten Halsmuskulatur, der typischen Mimik und der typischen hohen Schweifhaltung, verursachen die sogenannte Stimmungsübertragung. Dabei werden andere, bisher friedlich grasende Artgenossen ebenfalls in

Stimmungsübertragung funktioniert auch von Mensch zu Pferd.

Alarmbereitschaft versetzt und können sich auf eine mögliche schnelle Flucht vorbereiten. Das bedeutet, dass Pferde tatsächlich allein durch den Anblick eines befreundeten Pferdes in einer gegenteiligen Stimmung, auch in diese Stimmung versetzt werden können. Dieses Phänomen macht man sich zum Beispiel bei der Ausbildung zunutze. So wurden früher die Jungpferde im Militärdienst immer in Gruppen zusammen mit ruhigen, erfahrenen und sicher ausgebildeten erwachsenen Pferden trainiert.

Zur Stimmungsübertragung zählt aber auch noch ein weiterer Faktor, von dem Sie sicher ebenfalls bereits gehört haben. Pferde können, umgangssprachlich ausgedrückt, Angst riechen, sowohl unsere Angst als auch die von anderen Pferden. Tatsächlich können Pferde biochemische Veränderungen wahrnehmen, wie sie zum Beispiel bei Angst, Stress und Unsicherheit vorkommen (siehe dazu auch Kapitel »Denken, Fühlen, Spüren – wie die Angst ins Pferd gelangt«).

Eine sinnvolle Eingliederung sollte immer nur langsam und mit Bedacht erfolgen und sich am Verhalten aller beteiligten Pferde orientieren. Pferde müssen an Elektrozäune gewöhnt sein, da es hier zu Fehlverknüpfungen kommen kann.

Checkliste: Bedürfnisse und Haltungsbedingungen

Wenn Sie auf der Suche nach einem geeigneten Stall für Ihr Angstpferd sind, kann Ihnen vielleicht die nachfolgende Liste dabei helfen, schon im Vorfeld wichtige Punkte abzuklären. Zum einen ist es für einen Therapieerfolg wichtig, das Pferd möglichst naturnah unterzubringen, zum anderen sollte der Stallbesitzer im besten Fall über genügend Fachwissen verfügen oder wenigstens unvoreingenommen unterstützen. Aber auch Stall und Anlage müssen zur Therapie von Angstpferden besondere Gesichtspunkte erfüllen.

Diese Fragen sollten Sie sich selbst im Vorfeld stellen:

- *Möchten Sie selbst mit Ihrem Pferd arbeiten oder suchen Sie sich die Unterstützung eines erfahrenen Experten? Ist dieser Experte vor Ort? Oder dürfen fremde Trainer auf die Anlage kommen?*
- *Nach welchem Trainingssystem möchten Sie arbeiten? Welches System wird im Stall vertreten? Der Besitzer eines Angstpferdes, der über positive Verstärkung arbeiten möchte, fühlt sich in einem Stall, in dem hauptsächlich nach Natural Horsemanship oder dominanzbasiert gearbeitet wird, vielleicht eher unwohl.*
- *Benötigt Ihr Pferd besondere Behandlungsmaßnahmen oder Medikamente? Kann Ihr Pferd von anderen Personen geführt werden? Damit haben leider viele Angstpferde ein Problem.*

- *Wie gut ist Ihr Pferd sozialisiert? Wenn Sie wissen, wie Ihr Pferd aufgewachsen ist, können Sie besser abschätzen, ob es sich auch in einer größeren Pferdegruppe, mit mehr als 20 Tieren, wohlfühlt. Manche Pferde sind durch isolierte Aufzucht schlecht gegenüber ihren Artgenossen sozialisiert. Hier muss der Stallbesitzer besonders sensibel bei der Eingliederung vorgehen und deutlich mehr Zeit und Engagement aufwenden.*
- *Welcher Stoffwechseltyp ist Ihr Pferd? Kann darauf individuell eingegangen werden?*

Alle Punkte der oberen Liste sollten Sie auch mit dem Stallbesitzer besprechen. Klären Sie, inwieweit er Sie mit Ihren Vorstellungen unterstützen kann. Diese Fragen sollten Sie daher vor dem Einzug mit dem Stallbesitzer abklären:

- *Kennt sich der Stallbesitzer mit Sozialisierungsdefiziten aus und kann im Stall darauf entsprechend eingegangen werden? Eine sinnvolle und gute Eingliederung solcher Pferde kann sich über viele Monate hinziehen. Sind Sie bereit, diesen Aufwand zu entschädigen, und ist der Stallbesitzer bereit, diese Mehrarbeit zu leisten?*
- *Wie konstant bleibt die Gruppenzusammenstellung?*
- *Gibt es ausreichend Platz, um sich aus dem Weg zu gehen? Dazu gehören Sichtschutz, zum Beispiel Hecken, eine ausreichende Anzahl an Fressstellen und Unterstellmöglichkeiten.*
- *Wird ausreichend Raufutter zur Verfügung gestellt? Gibt es feste Fütterungszeiten, und herrscht zu diesen Zeiten Spannung unter den Pferden?*
- *Sind die Tiere untereinander ruhig oder können Sie Pferde mit Verletzungen erkennen? In manchen Ställen wird es als normal angesehen, dass viele der Tiere deutliche Bissspuren davontragen. Von einem solchen Stall muss dringend abgeraten werden.*
- *Gibt es eine oder mehrere Notfallboxen oder Krankenpaddocks?*
- *Gibt es einen Trainingsplatz, der ohne das Verlassen der Anlage erreichbar ist? Kann das Pferd während des Trainings die Herde sehen? Gibt es Möglichkeiten, um diese Sicht einzuschränken, zum Beispiel durch eine mit einer Hecke begrünten Seite des Reitplatzes?*
- *Sind alle Wege, die Ihr Pferd routinemäßig gehen muss, frei zugänglich, oder muss es zum Beispiel auf die Koppel geführt werden? Oder muss das Pferd in irgendeiner anderen Weise vom Personal angefasst oder manipuliert werden, wie zum Beispiel zum Halftern oder Eindecken? Wie gehen Personal und Einsteller mit den Tieren um? Herrscht ein freundlicher Umgangston oder werden die Pferde laut oder rüde angesprochen?*

Wie und was Sie mit Ihrem Pferd trainieren wollen, beeinflusst auch die Wahl des Pensionsstalls.

Grenzen der Anpassung – von Coping und erlernter Hilflosigkeit

Pferde sind, zumindest bis zu einem gewissen Grad, Meister der Anpassung. Doch wo die Grundbedürfnisse dieser sensiblen Tiere nicht berücksichtigt werden, erkranken sie an Körper und Geist. Da Pferde sehr soziale Lebewesen sind, benötigen sie nicht nur den intensiven Kontakt mit ihren Artgenossen, sondern auch wohlwollende und berechenbare menschliche Gefährten und Trainingsmethoden, um glücklich zu sein. Sie benötigen, wie jedes Lebewesen, die Möglichkeit, ihr Leben selbst zu kontrollieren und mitzugestalten. Wird ihnen das verwehrt, sind Angst- und Verhaltensstörungen vorprogrammiert.

Coping – das Leben bewältigen

Unerfüllte oder unerkannte Bedürfnisse führen beim Pferd immer zu Problemen, denn sie bedeuten für das Pferd Stress. Es muss versuchen, sich mit der nicht artgerechten Situation zu arrangieren und sich anzupassen. Dazu kann es verschiedene arteigene Strategien nutzen, um einen ängstigenden Reiz oder Stressor zu beseitigen. So würden Pferde sicher als erstes immer versuchen, genügend Abstand zu einem Angstreiz herzustellen. Deswegen flieht oder scheut ein Pferd zum Beispiel vor einem Traktor oder vor Kühen, wenn es nicht an diese gewöhnt ist und sie als Bedrohung wahrnimmt. Doch in vielen Haltungssystemen gelingt es Pferden

Die Flucht vor einem Angstauslöser zählt zum problemorientierten Coping – und damit zum Normalverhalten!

Hier können die Pferde den Kühen bei Bedarf aus dem Weg gehen – oder bei Furcht flüchten.

nicht, auf diese Weise ein Problem zu beseitigen oder ihm aus dem Weg zu gehen.

Wenn also aus einem akuten Stressor wie dem Traktor ein dauerhafter wird, zum Beispiel durch einen nicht gerade freundlich gestimmten Boxennachbarn oder durch zu wenig Platz im Offenstall, schlechte Unterteilung des Auslaufs oder eine nicht sinnvolle Herdenzusammenstellung, dann ist das Pferd erheblich in seinen Grundbedürfnissen beschnitten. Denn in dauerhafter Angst vor einem feindlich gesinnten Artgenossen zu leben, bedeutet für das betroffene Pferd auch dauerhaften Stress, den es nicht durch eigenes Zutun abwenden kann. Auch unpassender Umgang und Trainingsmethoden, die das Pferd ängstigen, zählen zu Auslösern von Bewältigungsstrategien. Dabei versuchen die Pferde häufig durch sogenannte Coping-Strategien oder Bewältigungsstrategien die inadäquaten Bedingungen, unter denen sie leben müssen, zu ertragen, um so wenigstens kurze Phasen der Entspannung und Kontrolle über die Situation zu erreichen.

Haben sich Verhaltensstörungen wie Koppen oder Weben – aber auch Autoaggressionen könnten in diesem Kontext genannt werden – erst etabliert, ist es schwierig, diese vollständig zu kurieren. Das Leid dieser Pferde ist aber so groß, dass auf jeden Fall über einen Haltungswechsel und das Zurate-Ziehen eines geeigneten Therapeuten nachzudenken ist. Diese Coping-Strategien werden immer wieder mit Depressionen in Verbindung gebracht, was sicher schon einiges über den seelischen Zustand und die Lebensqualität der betroffenen Pferde aussagt.

Häufig werden bestimmte Trainingsmethoden deswegen übernommen, weil sie für ein bestimmtes Ergebnis stehen.

Erlernte Hilflosigkeit – wenn die Pferdeseele einfriert

In manchen Situationen können Pferde keine geeignete Strategie anwenden, um einem angst- oder stressauslösenden Reiz zu begegnen, nämlich dann, wenn sie ganz bewusst von Menschen daran gehindert werden – mit dem Ziel, ein besonders umgängliches Pferd zu »produzieren«. Machen Pferde, aber auch andere Tiere und Menschen, häufig die Erfahrung, dass sie durch ihr eigenes Verhalten eine unangenehme Situation nicht kontrollieren können, geben sie jede Hoffnung auf, selbst dann, wenn sich die Situation plötzlich so ändert, dass sie sich selbst helfen könnten. Sie werden es häufig nicht einmal mehr versuchen, denn Hilflosigkeit verzerrt die eigene Wahrnehmung.

Sicher geschieht dies häufig unbewusst oder unbeabsichtigt, wenn Trainingsmethoden übernommen werden, ohne deren Sinn, Ziel und Vorgehensweise kritisch zu hinterfragen. Für die betroffenen Pferde macht das aber keinen Unterschied. Sie sind die Leidtragenden solcher Trainingsmethoden, die oft als besonders pferdefreundlich deklariert werden. Doch bei genauerer Betrachtung kann man häufig genau das Gegenteil feststellen. Meist werden die Pferde deutlich begrenzt, zum Beispiel durch einen Round Pen oder die Arbeit mit diversen Hilfszügeln, um dann mit mehr oder weniger Druck zu gewünschten Aktionen gebracht zu werden.

Die Dominanztheorie tut ihr Übriges, um diese wenig pferdefreundlichen Methoden zu rechtfertigen. Solange die landläufige Meinung darin besteht, dass jede noch so willkürliche Regung des Tieres auf scheinbare Dominanz zurückzuführen ist, werden Pferde schlichtweg dafür bestraft, arttypisches Verhalten zu zeigen. Sie verbringen ihr Leben in einem Zustand der völligen Selbstaufgabe und zeigen recht deutlich die Qualität und das Ausmaß der Bindung zum Menschen. Oft fehlt jegliche Mimik und direkter Blickkontakt wird, vor allem in Trainingssituationen, vermieden. Dabei bleiben die Augen oft relativ starr oder wirken in sich gekehrt.

Den Pferden wird also ihre Angst, wie häufig behauptet wird, nicht genommen. Im Gegenteil, ihnen wird sogar noch mehr Angst gemacht, um Fluchttendenzen zu unterdrücken. In diesem Zustand, wenn die Angst übermächtig wird und das Pferd keine Kontrolle über sich selbst und sein Leben mehr hat, werden aus Hilflosigkeit und Angst schließlich Depressionen. Es entwickeln sich Pferde, die scheinbar alles über sich ergehen lassen und besser funktionieren, als manche Maschine.

Merke: Im Training mit Angstpferden muss jeglicher Druck, der vom Pferd als aversiv wahrgenommen werden könnte, garantiert ausbleiben. Dazu zählen im Zweifelsfall auch Begrenzungen wie die Bande der Halle und das Arbeiten im Round Pen. Die Tiere und ihre Halter benötigen einen sicheren Raum, um sinnvoll trainieren zu können. Fluchttendenzen dürfen niemals mit positiver Strafe, wie zum Beispiel den Ruck am Halfter oder den Klaps mit der Gerte, beantwortet werden. Lernen Sie genau hinzusehen. Besonders sinnvoll sind Aufzeichnungen wie Fotos und Videos, die man in Ruhe auswerten kann.

Erlernte Hilflosigkeit

Die sogenannte »Erlernte Hilflosigkeit« ist ein Konzept des amerikanischen Psychologen Martin Seligman. Es wurden umfangreiche Versuche zu diesem Thema durchgeführt. Beim Menschen konnten Symptome der Hilflosigkeit bereits bei unkontrollierbaren, weil nicht vorhersehbaren oder steuerbaren, lauten Geräuschen hervorgerufen werden!

Ziel all dieser Versuche war es, herauszufinden und zu beweisen, dass die Unkontrollierbarkeit von aversiv erlebten Reizen zu Hilflosigkeit führt und diese darüber hinaus als Erklärung von Ängsten, Depressionen und anderen Phänomenen heranzuziehen.

Um sich wohl und sicher zu fühlen, benötigen jeder Mensch und jedes Pferd unterschiedliche Voraussetzungen.

Warum sind manche Pferde scheinbar anfälliger?

Die Frage, ob es tatsächlich Pferde gibt, die anfälliger für Ängste und Verhaltensauffälligkeiten sind, taucht immer wieder auf. Sicher ist, dass es nicht die eine Angst gibt. Und auch nicht nur den einen Auslöser. Wenn Ängste tatsächlich zum Problem werden, spielen viele Faktoren eine Rolle. Deswegen kommt sicher kein Pferd auf die Welt und zeigt vom ersten Tag an schon ein Angstproblem. Sicherlich gibt es Pferde, die vorsichtiger, nervöser und sensibler auf unbekannte Reize reagieren, doch das allein wäre für das Pferd kein Problem. Im Zuge der Variabilität gab es also schon immer Pferde, die besonders nervös, ängstlich, furchtsam oder sensibel waren. Wie Sie bereits erfahren haben, bedeuteten diese Persönlichkeitsmerkmale für Pferde oft einen Wettbewerbsvorteil. Denn ein Beutetier, das eine mögliche Gefahr schnell und sicher erkennt, kann sich bei Bedarf durch eine frühzeitige Flucht retten.

Unsicherheit und Ängstlichkeit als Persönlichkeitsmerkmal

Bei vielen hoch im Blut stehenden Rassen, wie Arabern und Vollblütern, sind Lebhaftigkeit und Sensibilität sogar ein Rassemerkmal, das bei einfühlsamer Ausbildung und angepassten Haltungsbedingungen durchaus zu den Stärken dieser Rassen zu zählen ist. Aber auch bei Kaltblütern gibt es nicht weniger sensible Vertreter ihrer Gattung. Meist zeigen es diese Pferde einfach auf andere Art. Wo ihre heißblütigen Vettern vielleicht schon mit Steigen oder Buckeln reagieren, erstarren diese Pferde häufig erst einmal vor Schreck. Mehr dazu finden Sie im Kapitel »Furcht, Angst und Stress«.

Jedes Pferd ist einzigartig und bringt seine ganz individuelle Geschichte mit ins Training.

Gibt es nicht nur einen Auslöser und möchte man jedes Pferd mit all seinen ganz individuellen Erfahrungen verstehen, um ihm ein möglichst beschwerdefreies Leben zu ermöglichen, gibt es einiges zu beachten. Eine sinnvolle Erklärung für die Entstehung von Angsterkrankungen liefert das Diathese-Stress-Modell. Demzufolge entsteht eine Angsterkrankung durch aktuelle oder chronische Belastungssituationen, also sämtliche Arten von Stresserleben, die unterschiedliche Auslöser haben können. Diese können aus vielen unterschiedlichen Bereichen kommen. So sind Schmerzen und körperliche Einschränkungen, zum Beispiel der Verlust eines oder beider Augen, oft sehr starke Stressoren. Zu große Herden oder zu wenig Platz und Ausweichmöglichkeit und unangemessener Umgang in Training und Haltung stellen sowohl soziale als auch psychische Belastungen dar.

Damit zählen die Haltungsbedingungen und der Umgang mit dem Pferd ebenfalls zu den auslösenden Faktoren, wie Sie bereits erfahren haben. Diathese bedeutet hier: die bisher gesammelten Erfahrungen des Pferdes.

Also all das, was das Wesen eines ganz speziellen Pferdes ausmacht. Die frühe Entwicklung, auch schon im Mutterleib, der Umgang mit Stute und Fohlen, die Haltungsbedingungen, die vererbten Anlagen, die das Fohlen von Stute und Hengst mitbekommen hat, und vieles mehr. All diese vielschichtigen Einzelheiten hier darzustellen, würde das Format des Buches übersteigen, da es mindestens so viele Aspekte gibt, wie auch unterschiedliche Pferdepersönlichkeiten. Die wichtigsten Aspekte, die bei vielen Pferden zu einer erhöhten »Anfälligkeit« führen, werden Sie aber in den weiteren Ausführungen kennenlernen.

Frühe Entwicklung und Absetzen

Licht ins Dunkel – vom ersten Blick auf die Welt
Mit der Geburt eines neuen Pferdekindes beginnt für dieses die wunderbare Reise namens Leben. Die Erfahrungen, die es bereits in dieser frühen Lebensphase sammelt, werden es für immer begleiten und sind in vielerlei Hinsicht richtungsweisend für ein glückliches und angstfreies Leben. Im Unterschied zu Hunden oder Katzen ist das Pferd ein sogenannter Nestflüchter und kommt bereits voll entwickelt auf die Welt. Trotzdem haben auch Pferdekinder sensible Phasen, in denen sie bestimmte Dinge besonders gut lernen können.

In der allerersten sensiblen Phase lernen sich Stute und Fohlen als unbedingt und einzigartig einander zugehörig kennen. Um eine Fehlprägung zu verhindern, schirmt die Stute ihr Fohlen von allen anderen Herdenmitgliedern und auch von Menschen ab. Denn theoretisch könnte das Fohlen, so wie beim berühmten Gänseküken-Versuch von Konrad Lorenz, auch auf den Menschen oder sogar auf Gegenstände geprägt werden. Dieser Vorgang ist schon nach einigen Stunden unveränderbar abgeschlossen und die Stute erkennt ihr Kind am Aussehen, am Klang der Stimme und vor allem am Geruch. Danach folgt auch das Fohlen seiner Mutter auf Schritt und Tritt. Diese erste sichere Bindung ist für das Pferdekind ein wichtiger Faktor, um auch später gelungene Bindungen und Beziehungen, sowohl mit anderen Pferden als auch mit dem Sozialpartner Mensch, aufbauen zu können.

Sind Stute und Fohlen so fest miteinander verbunden, lässt die Stute es zu, dass zur Herde gehörende Pferde das neue Familienmitglied in Augenschein nehmen. Je älter das Pferdekind wird, desto weniger Zeit wird es bei seiner Mutter verbringen. Es findet Spielpartner und knüpft Freundschaften mit anderen Pferdekindern und Jährlingen, aber auch mit älteren Geschwistern und sogar Tanten. Während dieser Phase der Sozialisierung lernt das Pferdekind alles Notwendige kennen, um sich in der Pferdeherde zurechtzufinden. Es lernt die Welt aus Pferdeaugen zu

Die erste sichere Bindung zwischen Stute und Fohlen ist besonders wichtig.

begreifen und zu verstehen, was gefährlich und was ungefährlich ist, wer Freund ist und wer Feind. Schon im Bauch der Mutter nimmt das Fohlen Geräusche und Stimmungen wahr. Bereits zu diesem frühen Zeitpunkt wirkt sich also eine freundliche Behandlung der Stute direkt auch auf das spätere Verhältnis des Fohlens zum Menschen aus.

Um dem jungen Pferd später ein sicheres und angstfreies Leben zu ermöglichen, sind diese ersten Lebensmonate von ganz besonderer Bedeutung. Methoden wie das Imprint-Training, bei dem das Fohlen direkt nach der Geburt mit allen möglichen Reizen konfrontiert und dabei auch unter Zwang am Aufstehen gehindert wird, stellen schon früh die Weichen – leider in Richtung der erlernten Hilflosigkeit und Angstthematiken. Sinnvoll wäre ein liebevoller Umgang mit der Mutterstute. Dadurch lernt das Pferdekind den Menschen von Anfang an als positiv kennen.

Oxytocin – das Bindungshormon

Wussten Sie, dass es einen natürlichen Gegenspieler zur Stressreaktion gibt? Dieses Hormon nennt sich Oxytocin und wird bereits bei der Geburt des Fohlens von der Stute ausgeschüttet – es macht aus Fremden eine unzertrennliche Einheit. Beim Säugen des Fohlens wird es regelmäßig ausgeschüttet und sorgt so für eine stabile Mutter-Kind-Bindung.

Häufig lässt sich beobachten, dass Fohlen nach einem Schreck oder einer neuen aufregenden Erfahrung sofort die Mutter aufsuchen. Junge Fohlen trinken dann aktiv, ältere Fohlen oder Jungpferde suchen zumindest den Körperkontakt. Ein Grund dafür könnte die Wirkung des Oxytocins sein. Es hemmt aktiv das Stresshormon Cortisol und vermindert so Ängste. Kuscheln kann also durchaus ein echter Stresskiller sein.

Körperkontakt, Säugen und Kuscheln: Oxytocin sorgt für Bindung und lindert Stress.

Absetzen

»Lieber ein Ende mit Schrecken, als ein Schrecken ohne Ende!«

Dieser oft zitierte Satz trifft nun leider beim Ende der Mutter-Kind-Beziehung gar nicht zu. Denn hier bedeutet ein Ende mit Schrecken oft Schrecken ohne Ende für das junge Pferd. Jeder verantwortungsbewusste Züchter sollte sich ein Beispiel an der Natur nehmen. Fohlen, die ohne menschliches Zutun abgesetzt werden, einfach weil die Mutterstute zum Beispiel wieder ein Fohlen bekommt, wachsen zu belastbaren jungen Pferden heran.

Trennungsphobie unterscheidet sich deutlich vom Kleben und muss im Training sehr kleinschrittig angegangen werden. Dabei kann anfangs ein Freund helfen.

Muss, aus welchen Gründen auch immer, die Trennung vom Menschen initiiert werden, sollte das Fohlen in seiner ursprünglichen Herde und damit bei Freunden, Bekannten und Verwandten zurückbleiben. Dieses bekannte Umfeld bietet den jungen Pferden die so dringend benötigte Sicherheit.

Fohlen sollten den Menschen von Anfang an als Freund kennenlernen.

Außerdem sollte der letzte und endgültige Schritt der Trennung von Stute und Fohlen bereits im Vorfeld sehr gut geübt worden sein, damit die Trennung nicht zur traumatischen Erfahrung wird. Das Fohlen sollte in Minischritten lernen, von der Mutter getrennt zu sein. Dabei genügt anfangs schon eine kurze Einschränkung des Sichtkontakts zu dieser. Um einer späteren Trennungsphobie entgegenzuwirken, sollte sich das Alter des Absetzers am Trennungsalter in der Natur orientieren.

Fohlen bereits im Alter von drei bis vier Monaten abzusetzen, provoziert die sogenannte Trennungsphobie. Damit ist nicht das Kleben gemeint – also die Angst vor dem Alleinsein –, bei der Trennungsphobie gehen die Ängste deutlich weiter und sitzen tiefer. Betroffene Pferde reagieren panisch, wenn zum Beispiel ein eng befreundetes Pferd aus der Herde entnommen wird. Sie reagieren mit schrillem Wiehern, das eher an Schreien erinnert, Schwitzen, Defäkieren, wildem Galoppieren und sind manchmal rasend vor Angst.

Das Deprivationssyndrom

Wussten Sie, dass eine reizarme und isolierte Aufzucht von jungen Pferden zu schwerwiegenden Problemen beim erwachsenen Pferd führt? Im schlimmsten Fall können die entstandenen Schäden im sogenannten Deprivationssyndrom gipfeln. Deprivation bezeichnet dabei das teilweise oder völlige Fehlen von Umwelt- und Sozialreizen – manchmal auch gekoppelt mit Misshandlungen – und führt zu einer unterentwickelten Gehirnstruktur. Da diese Fohlen kaum Umweltreize und Sozialkontakte kennengelernt haben, führen schon ganz alltägliche Reize oder Artgenossen zu großer Angst- und Stressbelastung. Die Pferde haben deutliche Anpassungsprobleme an alle neuen und unbekannten Reize und neigen auch im späteren Leben eher zu Stereotypien, Verhaltensauffälligkeiten, mangelnder Impulskontrolle und Angststörungen.

Fohlen entdecken im Spiel die Welt.

Erkrankungen und Schmerzen

Schmerzen haben, ähnlich wie Angst, eine Warnfunktion. Diese gibt dem Pferd die Rückmeldung, dass etwas mit seinem Körper nicht in Ordnung ist. Hat es sich am Bein verletzt, wird dieser Zustand sofort an das Gehirn weitergeleitet. Durch den entstandenen Schmerz wird das Pferd das Bein so lange schonen, bis es wieder voll belastbar ist.

Schmerzen sollen das Pferd aber auch vor schädigenden Außenreizen schützen und erfüllen damit ebenso eine Schutzfunktion. Durch diese Aufgaben haben Schmerzen und Schmerzreize eine enge Beziehung zur Angst. Schmerzreize von außen lösen fast automatisch Angst aus. Vor allem, wenn diese vom Pferd als nicht vorhersehbar oder kontrollierbar erlebt werden.

Der Zusammenhang von Schmerzen und Angst

Wussten Sie, dass das Pferd über ein komplexes Meldesystem verfügt, welches über den gesamten Pferdekörper einschließlich vieler innerer Organe, der Haut und der Muskulatur verteilt ist? Viele kleine Schmerzrezeptoren, sogenannte Nozizeptoren, melden Schmerzreize direkt an das Gehirn, welches selbst übrigens eines der wenigen Organe ohne Nozizeptoren ist.

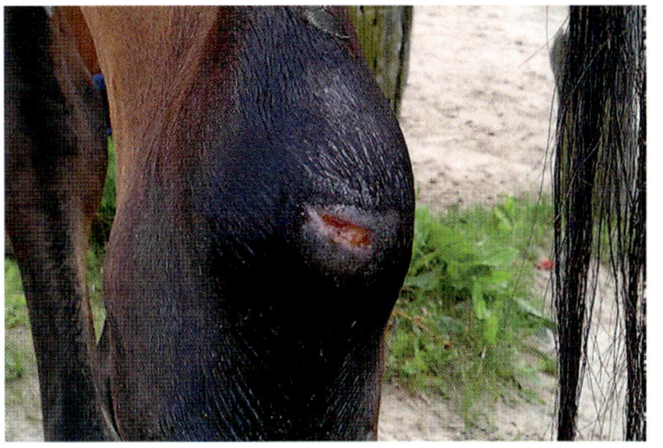

Schmerz und Verletzungen können Ängste begünstigen.

Schmerzen können Ängste auslösen. Doch sehr starke Angst kann das Schmerzempfinden kurzfristig unterdrücken, nämlich dann, wenn eine tatsächliche Bedrohung eine Fluchtreaktion auslöst. Vielleicht haben Sie etwas Ähnliches schon selbst erlebt, wenn Sie sich bei einem Unfall verletzt und davon erst etwas gespürt haben, nachdem sich die Aufregung gelegt hatte und Sie wieder zur Ruhe gekommen waren. Allerdings können Angst und Sorge sowie große Verletzungen auch ein gesteigertes Schmerzempfinden auslösen. Als natürlicher Gegenspieler von Angst können alle positiven Emotionen das Schmerzempfinden senken. Aber auch Medikamente, Entspannung und Ablenkung können dabei behilflich sein. Angst und Schmerz haben körperliche Gemeinsamkeiten, zum Beispiel eine erhöhte Herz- sowie Pulsfrequenz, Schwitzen und fehlendes Ohrenspiel.

Bei Schmerzen helfen enge Bindungspartner, wie in diesem Fall während eines akuten Reheschubes.

Bei einigen Krankheiten wird ein Zusammenhang zwischen dem Auftreten von Ängsten und der Krankheit angenommen. Zumindest ist die Belastung durch die Krankheit oder die Schmerzen eine nicht zu unterschätzende Stressbelastung. Zu den körperlichen Beschwerden zählen zum Beispiel:

- Allergien, die mit starkem Juckreiz einhergehen, wie zum Beispiel das Sommerekzem
- starke Verwurmung oder der Befall mit Läusen und Herbstgrasmilben
- Borreliose
- hormonelle Veränderungen, zum Beispiel durch Tumore oder Erkrankungen der hormonbildenden Drüsen wie der Schilddrüse, der Nebennierenrinde und der Bauchspeicheldrüse oder Cushing, EMS und ECS
- Magen-Darm-Störungen wie Kotwasser, ungeklärte Durchfälle, Koliken und Magengeschwüre
- Wunden, Entzündungen und Geschwüre, zum Beispiel Hufkrebs oder Hufabszesse
- Schmerzen der Muskulatur oder des Skelettsystems (Arthrosen)
- Hufrehe

Vor jeder Verhaltenstherapie und bei begründetem Verdacht sollte immer eine ausführliche tierärztliche Abklärung stattfinden! Schmerzen sollten grundsätzlich behandelt werden, statt nur die Symptome durch Training zu unterdrücken.
Das Training von Angstpferden ist, vor allem wenn Vorerkrankungen oder Schmerzen bestehen, immer mit Einschränkungen verbunden. Diese können sowohl körperlicher als auch psychischer Natur sein und müssen beim Training fairerweise immer berücksichtigt werden! Es versteht sich von selbst, dass ein Pferd nur die Leistungen erbringen kann und soll, die auf seine jeweiligen Eigenheiten abgestimmt sind und dem Tier keine Schmerzen bereiten. Außerdem kann mit diesen Pferden häufig kein konstantes Ergebnis erzielt werden, solange sie nicht einen stabilen gesundheitlichen Zustand erreichen.

Wenn die Angst zum Problem wird

Nun haben Sie schon einiges darüber erfahren, welche Belastungen dazu führen können, dass ein Pferd irgendwann im Laufe seines Lebens ein Angstproblem entwickelt. Welche dieser Ursachen das sprichwörtliche Fass zum Überlaufen bringt, ist dabei erst einmal völlig egal, wichtig ist aber zu verstehen, dass jedes Pferd, je nach Vorgeschichte, Entwicklung, bisheriger Lernerfahrung und momentanem Gesundheitszustand, seine ganz eigene »Schmerzgrenze« hat.

Cushing und andere Stoffwechselerkrankungen werden häufig im Zusammenhang mit Stress- und Angstbelastungen genannt. Erkrankte Pferde benötigen eine besonders intensive Betreuung, die dennoch auch das Pferd außerhalb seiner Krankheiten in den Mittelpunkt stellt.

Bis zu dieser Grenze kann sich das Tier von der erlebten Belastung wieder gut erholen, sowohl körperlich als auch geistig. Der Organismus braucht nach einer Stressreaktion Zeit, um wieder in den Normalzustand zurückzukehren. Wie gut ein Pferd mit belastenden Situationen zurechtkommt, hängt sicher auch damit zusammen, wie gut diese Situationen gemanagt werden.

Wie die Angst zum Problem wird

Angst zu haben, ist vollkommen normal und natürlich. Sie dient dem Pferd als wichtiger Indikator für das körperliche Wohlbefinden und stellt damit eine Schutzfunktion dar. Da Angst als unangenehm erlebt wird, versuchen Pferde sie nach Möglichkeit zu vermeiden bzw. die Angst möglichst schnell wieder abzustellen. Angst ist behandlungsbedürftig, wenn sie das Erleben und Leben der betroffenen Pferde deutlich einschränkt, weil sie wiederholt, langanhaltend und konzentriert auftritt. Es ist immer individuell und im Zweifelsfall von einem Experten zu prüfen, ob die Angst noch ihre ursprüngliche Schutzfunktion erfüllt oder ob sie bereits deutlich darüber hinaus reicht. So ist es für Pferde völlig normal, eine gewisse Ängstlichkeit beim Verlassen der Gruppe zu empfinden, solange das noch nicht trainiert wurde. In Panik zu verfallen, nur weil der beste Freund oder das betroffene Pferd selbst die Gruppe verlässt, ist dagegen nicht mehr normal und bedarf einer Therapie.

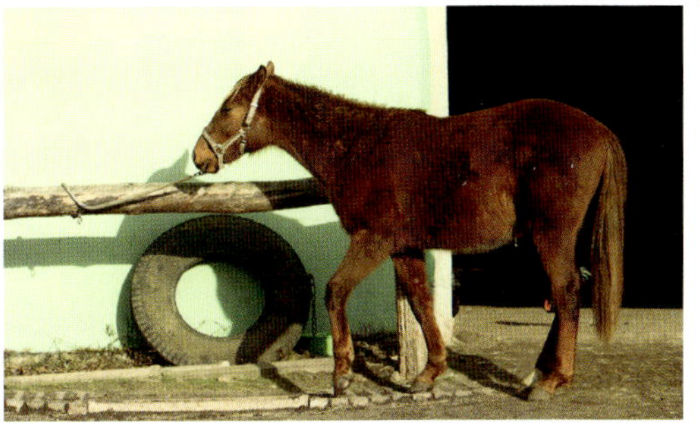

Schmerz und Verletzungen können Ängste begünstigen.

Kurzfristigen Stress können Pferde normalerweise gut wegstecken.

Die körperliche Antwort auf einen ängstigenden Reiz ist die Stressreaktion, an deren Ende ein bewältigendes Verhalten steht. Bestimmte Vorerfahrungen machen Pferde anfälliger für eine Angststörung, aber auch das Fehlen von Vorerfahrungen (Deprivation) könnte eben diese auslösen. Wenn die Stressreaktion häufig ausgelöst wird, aber die Stressoren nicht abgestellt werden können (Dauerstress) oder dem Pferd die Möglichkeit zur Regeneration zwischen einzelnen Stressgeschehen fehlt, kommt der Körper aus dem Gleichgewicht. Die Pferde reagieren auf immer kleinere Reize und Auslöser, die eigentlich keine reale Bedrohung darstellen. Mehr dazu erfahren Sie im Kapitel »Von Pferden, Schnecken und Fruchtfliegen – die Sensibilisierung«.

Furcht, Angst und Stress

Vielleicht ist Ihnen schon aufgefallen, dass wir in diesem Buch bisher sehr oft die Ausdrücke Angst, Furcht und Stress für emotionale Zustände benutzt haben. Aus unserer Alltagssprache kennen wir eigentlich auch keinen Unterschied zwischen Angst und Furcht. Diese beiden Ausdrücke werden häufig synonym benutzt. In letzter Zeit wird in diesem Zusammenhang auch immer häufiger von Stress gesprochen. Dabei unterscheiden Fachleute wie Neurobiologen oder Psychologen durchaus zwischen den einzelnen Ausdrücken und den damit verbundenen emotionalen Zuständen.

Man könnte annehmen, dass der Begriff Stress eigentlich einen klar definierten Zustand beschreibt, aber in den unzähligen wissenschaftlichen Arbeiten, die über Stress verfasst wurden, gibt es oft ganz unterschiedliche Definitionen davon, was Stress ist. Ganz allgemein kann man sagen, dass Stress die Reaktion des Körpers auf einen Stressreiz ist, mit dem Ziel, eine Situation der erhöhten Belastung zu überstehen.

Stress beeinträchtigt das Lernen

Während akuter Stress die Lernleistung vermindert, die Wahrnehmung einschränkt und sogar das Schmerzempfinden verringert, kann sich moderater Stress dennoch auch förderlich auf das Lernen auswirken. Dann nämlich, wenn das Pferd es schafft, viel schneller an das Belohnungsfutter zu kommen. Das sinnvoll aufgebaute Training über positive Verstärkung ist somit sicher als moderater Stress anzusehen, der die Lernleistung steigert.

Probleme gibt es vor allem bei zu starkem und dauerhaftem Stress, denn es ist möglich, dass sich Erlebnisse regelrecht in das Gehirn einbrennen, zum Beispiel bei einem Trauma durch einen Unfall.

Fixiert zu werden, bedeutet Stress – falls das Pferd es nicht gelernt hat.

Nicht nur wir moderne Menschen leiden zunehmend an immer größerem Stress, auch das moderne Hauspferd ist stressgeplagt. Wo früher Stress durch einen kurzen Sprint in der Steppe erledigt war – schließlich war das Pferd danach entweder tot oder die Bedrohung vorbei – ist er in unserer Kulturlandschaft zum Dauerbrenner geworden. Dabei ist zu wenig Stress genauso schädlich wie zu viel. Doch der Begriff wird umgangssprachlich meist ausschließlich für negative, unangenehme und potenziell gefährliche Belastungen benutzt.

An heißen Sommertagen kann der Stressor Hitze relativ leicht behoben werden.

Dass das nur die eine Seite der Medaille ist, zeigte der Stressforscher Hans Selye mit seinem bekannten Stresskonzept. Er formulierte das von ihm sogenannte allgemeine Anpassungssyndrom, nachdem er auf der Suche nach einem weiblichen Hormon bei Ratten auffällige Symptome feststellte. Das weibliche Hormon konnte er nie finden, jedoch stellte er nach vielen unterschiedlichen Versuchen fest, dass der Körper bzw. die inneren Organe der Versuchstiere mit immer gleichen bzw. ähnlichen Reaktionen auf völlig verschiedene Belastungen reagierten.

Mit dem Begriff des Anpassungssyndroms werden heute drei unterschiedliche Reaktionen oder Zustände zusammengefasst. An erster Stelle steht die Alarmreaktion, bei der der Körper auf Reize, wie zum Beispiel Hitze, Kälte, erhöhte körperliche Anstrengung, Infekte, Trauma, Gifte usw. mit verstärkter Ausschüttung des Hormons Adrenalin reagiert. Dieses Hormon erhöht die Herzfrequenz und sorgt damit für eine ebenfalls erhöhte Blutzufuhr in Muskulatur und Gehirn, um für die erhöhten Anforderungen optimal gerüstet zu sein.

Im Anschluss daran beginnt die Widerstandsphase. In dieser Phase versucht der Körper den Normalzustand wiederherzustellen. Dies gelingt ihm nur dann, wenn der Reiz, der zur Alarmreaktion führte, abgestellt werden kann. Wenn ein Pferd an einem heißen Tag in der prallen Sonne steht, wird es beginnen zu schwitzen und sich einen schattigen Platz suchen. Nach einem anstrengenden Training wird es sich vermutlich ausruhen und Nahrung aufnehmen, bei Schmerzen im Huf wird es lahmen oder auf andere Weise sein schmerzendes Bein schonen. Wird es aber daran gehindert oder kann es aus irgendwelchen Gründen den Reiz nicht selbst abstellen, beginnt die dritte Phase, die Erschöpfungsphase.

Schafft es der Organismus nicht, sich anzupassen, sind irgendwann seine Energien aufgebraucht und es kommt zur Erschöpfung. Diese Überlastung zeigt sich deutlich in körperlichen Krankheiten (siehe dazu auch Kapitel »Erkrankungen und Schmerzen«). Heute kennen wir dafür einen neuen Begriff – Burnout.

Schaffen Sie für Ihr Pferd Situationen, die es fördern, aber nicht überfordern.

Was hat nun Stress eigentlich mit Angst zu tun, werden Sie sich vielleicht etwas verwundert fragen? So ein richtig heißer Sommertag mag für das Pferd unter bestimmten Umständen unangenehm sein, aber sicher entwickelt es davon noch keine Sommertags-Phobie. Damit haben Sie natürlich vollkommen Recht. Und gleichzeitig hat Stress eine ganze Menge mit Angst zu tun, denn angstauslösende Reize stellen Stressreize dar und allein die Erwartung dieser Reize löst Angst aus. Dafür gibt es zahllose Beispiele. Um beim Sommer zu bleiben: Es gibt sicher nicht gerade wenige Pferde, die beim Summen von Insekten auf schnellstem Wege die Koppel verlassen und Schutz in einem Unterstand suchen, soweit ist das ja noch relativ normal. Es gibt aber auch Pferde, die ohne Insektenschutz bereits im Frühjahr den Stall nicht mehr verlassen. Auch dann nicht, wenn die Raufutterstationen nur außerhalb der Schutzhütte aufzufinden sind und alle anderen Pferde dort noch völlig entspannt fressen können, weil der Insektendruck noch nicht sehr hoch ist. Der Stressor ist hier unkontrollierbar und die Angst übersteigert und schränkt deutlich das normale Fressverhalten ein, denn ohne Abhilfe magern die betroffenen Pferde deutlich ab. Das beste Beispiel sind aber sicher immer noch Tierärzte und Hufbearbeiter. Wer kennt nicht mindestens ein Pferd, das beim Anblick eines Angehörigen dieser beiden Berufsgruppen in Erwartung von etwas Unangenehmem sofort Reißaus nimmt.

Gerald Hüther hat in Anlehnung an das Konzept von Hans Selye das zentrale Adaptionssyndrom entwickelt. Dieses Konzept unterscheidet zwischen kontrollierbarer und unkontrollierbarer Stressreaktion. Die kontrollierbare Stressreaktion kann relativ einfach überwunden werden, zum Beispiel, weil das Individuum, in diesem Fall das Pferd, bereits ähnliche Probleme gemeistert hat und eine gewisse Vorerfahrung mitbringt.

Bei der unkontrollierbaren Stressreaktion wird es bereits etwas komplizierter. Sie vermuten es sicher schon – in diesem Fall kann das Pferd die stressauslösende Situation nicht bewusst steuern. Vielleicht kann es durch Versuch und Irrtum eine Lösung finden, vielleicht aber auch nicht. Sicher ist, dass die Situation als unkontrollierbar empfunden wird und deswegen Angst auslöst. Darum sollte ein gezielter Trainingsaufbau so kleinschrittig sein, dass das Pferd möglichst keine Fehler machen kann. Andernfalls kommt es zu einer Dauerbelastung mit unangenehmen Folgen. Verhaltensstörungen und ernsthafte Krankheiten sind die Folge. So leidet zum Beispiel der Großteil der Sport- und Rennpferde unter Magengeschwüren und Herz-Kreislauferkrankungen. Als weitere Folge wiederholter und unkontrollierbarer Belastungen kommt es zum Zustand der erlernten Hilflosigkeit, darüber aber später mehr.

Stresstypen und Bewältigungsstrategien

Manche Stressreize machen Angst, dazu gehören typischerweise schmerzende Behandlungen und Manipulationen, egal ob es die Spritze vom Tierarzt ist, der Ruck am Halfter, der Sporenpik oder der Klaps mit der Gerte. Aber auch ungewohnte Geräusche, allen voran Zischlaute, starke Gerüche oder visuelle Reize wie Schatten oder der Übergang von hell nach dunkel können Ängste auslösen. Pferde sind außerdem überaus empfindlich für alle Arten von Enge und Begrenzung. Drei ganz typische Angst-Situationen stellen das Verladen in den Pferdeanhänger, das Training oder die Arbeit im Round Pen und die Startboxen bei Rennpferden dar.

Auf der einen Seite stehen also spezifische Stressreize, die Ängste beim Pferd auslösen, auf der anderen Seite stehen das Pferd selbst und sein Versuch, angstauslösende Situationen zu bewältigen. Hier unterscheidet man grob zwischen dem aktiven und dem passiven Stresstyp.

Pferde reagieren sehr unterschiedlich auf angstauslösende Reize.

Dieses Pferd fühlt sich sichtlich unwohl. Der Mensch mit Gerte ist viel zu nah und ein Ausweichen zur Seite ist nicht möglich.

Den aktiven Stresstyp erkennt man leicht an der ausdrucksstarken typischen Körperhaltung.

Aktiver Stresstyp

Zum aktiven Stresstyp zählen die Pferde, die Angst und Stress sehr sichtbar zeigen. Viele der modernen Reitpferde und Ponys können diesem Typ zugeordnet werden. Sie zeigen sehr viel Aktion und sind im allgemeinen Ausdrucksverhalten eher extrovertiert. Bei Stress und Angst beginnen sie zu tänzeln, die Muskulatur spannt sich deutlich an und ganz typisch ist der hocherhobene Schweif als Zeichen erhöhter Erregungslage. Dieser Pferdetyp und seine extrovertierten Verhaltensweisen, die er in bedrohlichen Situationen zeigt, beschreibt für viele Menschen das typische »Angstpferd«.

Passiver Stresstyp

Zu diesem Stresstyp zählt man die eher introvertierten Pferde. Also Pferde, die meist als besonders gelassen und gutmütig gelten, denen aber auch oft eine gewisse Sturheit nachgesagt wird. Dazu zählen sehr häufig Kaltblüter und bestimmte Ponyrassen. An ihnen prallt scheinbar alles ab, doch auch sie erleben Stress und Angst, lediglich ihr Ausdrucksverhalten unterscheidet sich.

Bei diesen Pferden kommt es häufig zum sogenannten Erstarren. Dabei darf der Begriff nicht ganz so wörtlich genommen werden, im Gegensatz zu manchen Wildtieren, die tatsächlich komplett erstarren und sich bei Gefahr totstellen, wie das amerikanische Opossum. Nun ist aber das Pferd für alle offensichtlich keine Beutelratte und das Totstellen gehört so gar nicht zu seinem natürlichen Verhalten. Trotzdem findet man beim passiven Stresstyp sozusagen das pferdische Pendant zum Opossum. Diese Pferde werden in belastenden Situationen, häufig in der Zusammenarbeit mit Menschen, immer langsamer und bewegen sich zäh und klebrig. Sie wirken wie in dicke Watte gepackt und man schafft es kaum, zu ihnen vorzudringen.

Das Fatale an diesem Verhalten ist, dass es von uns Menschen häufig fehlinterpretiert wird. Wo das Pferd bereits seit langer Zeit relativ still leidet, versucht der Mensch es häufig mit noch nachhaltigeren Druckmitteln. Streng nach dem Motto »viel hilft viel«, wird das vermeintlich unwillige und sture Tier mit immer mehr belastenden Reizen von Seiten des Menschen konfrontiert. Das ist meist der Punkt, an dem es die Situation nicht mehr ertragen kann, dann nämlich, wenn die Bewältigungsstrategie des Erstarrens ihm nicht weiterhilft, zum Beispiel, weil der Reiter immer weiter Druck mit Sporen und Gerte macht. Dann irgendwann explodieren auch diese freundlichen und leidensfähigen Pferde, und das tun sie häufig deutlich stärker und mit mehr Nachdruck als ihre extrovertierten Kollegen. Haben diese Pferde erst einmal gelernt, dass es da noch einen anderen Weg gibt, aus einer belastenden und ängstigenden Situation zu entkommen, werden sie diesen Weg in Zukunft auch häufiger nutzen.

Kaltblüter gehören häufig zum eher passiven Stresstyp.

Wenn aus Angst Aggression wird

Ich kann mich noch genau an den Fall einer Haflingerstute erinnern. Ich wurde gerufen, weil die Stute scheinbar aus dem Nichts heraus explodierte. Bei diesen »Ausrastern« griff sie regelmäßig auch den Menschen am anderen Ende des Strickes an. Einige Trainer hatten es schon mit sehr deutlichen Methoden versucht. Doch die junge Besitzerin wollte und konnte nicht so hart gegen ihre Stute vorgehen und überdies brachte das Training nicht den gewünschten Erfolg. Das Gegenteil war der Fall, die Stute wurde immer unberechenbarer. Als die Stute, zu dieser Zeit im Beritt, während des Longierens die Trainerin angriff, und zwar trotz der verteilten Schläge und der Begrenzung durch allerlei Hilfszügel, reichte es den Besitzern. So hatten sie sich ihren Traum vom Pferd nicht vorgestellt. Statt eines harmonischen Miteinanders wurde die Kommunikation mit ihrem geliebten Tier immer roher und das gemeinsame Zusammensein zur gegenseitigen Belastungsprobe.

Als ich die Stute das erste Mal traf, konnte sie nicht von A nach B geführt werden. Das Verlassen der Box bereitete ihr ernsthafte Schwierigkeiten und die Reithalle konnte sie gar nicht mehr betreten.

Geführt zu werden, ist für Angstpferde nicht in jeder Situation leicht.

Auffällig bei diesem Pferd war der dauerhaft sehr harte Muskeltonus. Mit achtsamem Training und täglichen Einheiten, die anfangs nur wenige Minuten dauerten und in der Paddockbox der Stute stattfanden, konnte eine vertrauensvolle Basis geschaffen werden.

Was war bei dieser Stute passiert? Ist ein Tier, das so reagiert, vielleicht irgendwie »gestört«? Nein, diese Stute war und ist völlig normal und hat auch völlig normal und im Rahmen ihrer Möglichkeiten und Erfahrungen reagiert. Als wir mit dem Training über positive Verstärkung anfingen, wurde ziemlich schnell klar, dieses Pferd möchte lernen und tut dies auch überaus schnell. Man würde wohl sagen, die Stute sei intelligent. Ganz typisch war hier, dass sie zum passiven Stresstyp gehörte und mit ihren fünf Jahren bereits ein sehr ambivalentes Verhältnis zu Menschen hatte. Die Meinung der konsultierten Trainer war in diesem Fall nicht ganz so ambivalent, eigentlich sogar relativ eindeutig, man müsse dem Tier nur zeigen, wer der Boss ist. Und wenn sanfte Gewalt nicht reicht, dann eben etwas unsanfter.

Die Stute entwickelte also eine generelle Unsicherheit gegenüber der Gattung Mensch, mit starken Tendenzen in Richtung generalisierter Angst. Daraus entwickelte sich im Beritt, wahrscheinlich durch eine Fehlverknüpfung oder Sensibilisierung eine generelle Angst in der Halle, daraus wurde im weiteren Verlauf die Weigerung, überhaupt die sichere Box zu verlassen, mutmaßlich wegen eines Zwischenfalls mit einem anderen Pferd auf der Stallgasse.

Weil das Bedürfnis aus ängstigenden Situationen zu fliehen, dieser sensiblen Stute im Umgang mit Menschen immer verwehrt wurde, entwickelte sie eine andere Strategie – aus Flucht wurde Angriff. Auch dieses Verhalten verselbstständigte sich und so war am Ende bereits der gespannte Führstrick das Signal zum Explodieren. Bei dieser Stute kam also einiges zusammen, aber eines der Hauptprobleme war tatsächlich, dass nicht erkannt wurde, wie gestresst und ängstlich dieses Pferd bereits war.

Kathrin

Es gibt aber nicht nur diese beiden Formen von Stresstypen. Wichtig ist immer wieder zu erwähnen, dass jedes Pferd seine ganz individuelle Vorgeschichte hat, mit ganz eigenen prägenden Vorerfahrungen. Außerdem ist es wichtig zu beachten, dass es Mischtypen gibt und Pferde, die in bestimmten Situationen eher zum einen Typ tendieren und in anderen Situationen zum anderen.

Flucht oder Angriff

Grundsätzlich haben Tiere bestimmte Möglichkeiten, mit belastenden Situationen umzugehen. Diese vier Bewältigungsstrategien werden auch als die 4 Fs bezeichnet. Jedes Pferd wird in einer belastenden Situation eine dieser Bewältigungsstrategien anwenden, genauso wie wir Menschen es tun, nur eben auf unsere Art.

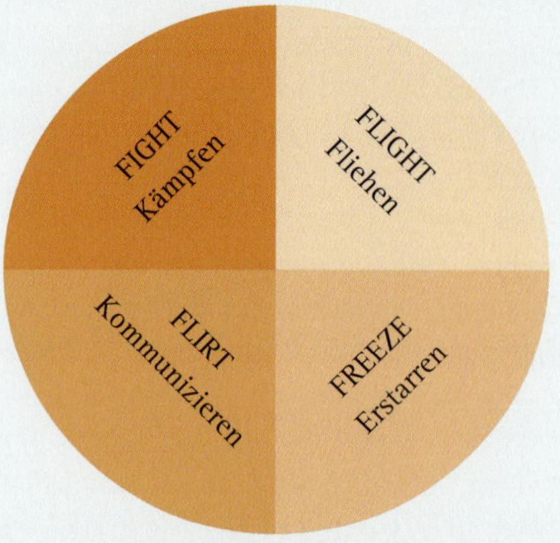

Die vier Fs bezeichnen die vier Bewältigungsstrategien, die dem Pferd zur Verfügung stehen.

Auf der Flucht.

Stellen Sie sich die folgende Situation vor. Sie verspäten sich auf dem Weg zur Arbeit und ihr ohnehin häufig schlecht gelaunter Chef »erwischt« Sie direkt an der Eingangstür. Sie fürchten sich vor einer erneuten Rüge. Während es beim Menschen schon einigermaßen seltsam anmuten würde, in dieser Situation das Weite zu suchen, ist es für Pferde immer die erste Wahl.

Sicher würden auch nicht gerade wenige Menschen aus dieser unangenehmen Situation mit ihrem Chef flüchten, bei den meisten verhindert das aber die »Erziehung«. Beim Pferd ist die Flucht (Flight) aus unangenehmen Situationen auch nicht immer möglich. Um das Chefbeispiel auf die Pferdewelt zu übertragen, braucht es nicht allzu viel Phantasie. Nehmen wir der Einfachheit halber wieder das Beispiel mit dem Round Pen. Der Chef steht in der Mitte und macht Druck, das Pferd versucht zu fliehen, kann aber nicht, weil die Begrenzung es davon abhält, den Abstand zum ängstigenden Reiz (Chef/Mensch) weiter zu vergrößern.

So geht es unseren Hauspferden in ihren modernen Haltungssystemen oftmals. Ihre evolutionäre Bewältigungsstrategie wäre die Flucht, aber diese Strategie anzuwenden, bleibt ihnen häufig verwehrt. So haben sich auch gehemmte Formen der Flucht bei Hauspferden etabliert. Diese reichen vom Abwenden des Blicks und des ganzen Kopfes, über das Steigen und sämtlichen Formen des Ausweichens wie zur Seite springen oder dem Abwenden einzelner Körperteile, dem Einziehen des Schweifs bis hin zum nervösen Trippeln auf der Stelle.

Mit Flucht kommt das Pferd also aus dieser Situation nicht heraus, je nach Pferdetyp und Geschlecht muss es auf eine weitere Strategie zurückgreifen. Das Pferd in unserem Beispiel versucht, den Chef jetzt erst einmal zu beschwichtigen, indem es mit ihm kommuniziert. Es versucht es also mit der Bewältigungsstrategie Flirt. Das Pferd wird vielleicht vermehrt Kauen oder Gähnen, vielleicht wendet es den Blick ab oder es schnüffelt am Boden. Diese Zeichen deutet unser »Chef« im Beispiel leider falsch und das Pferd muss eine weitere Bewältigungsstrategie versuchen.

Pferde kommunizieren mit subtilen Signalen.

Diesmal wählt es die Variante Einfrieren (Freeze). Es wendet sich vielleicht nach innen, läuft nur noch langsam und eher verklemmt. Würde der »Chef« jetzt aufhören das Pferd zu bedrängen, würde es vermutlich einfach nur an einem Fleck im Round Pen stehen bleiben und darauf hoffen, dass der ganze Spuk bald ein Ende hat. Unser »Chef« versteht leider auch das nicht und so ist das Pferd in seiner Not gezwungen, zum Äußersten zu greifen.

Es versucht es mit Angriff (Fight). Hengsten und manchen Wallachen wird ja eine Tendenz zu dieser Form der Konfliktbewältigung nachgesagt, tatsächlich gibt es Studien, die einen Zusammenhang zwischen einem hohen Testosteron-Spiegel und dieser bevorzugten Handlungsoption bestätigen. Viel zu erklären gibt es an dieser Stelle eigentlich nicht, und wir hoffen, dass Sie noch nie das zweifelhafte Vergnügen hatten, dass sich ein Pferd zum Kampf gegen Sie genötigt sah. Angreifende Pferde, die es tatsächlich ernst meinen, sind furchterregend und wir Menschen haben 600 kg geballter Aggression wahrlich nur wenig entgegenzusetzen. Geschweige denn, dass eine Beziehung ganz sicher nicht als besonders harmonisch oder glücklich gelten kann, wenn ein eigentlich friedfertiges Tier auf diese Art der Kommunikation zurückgreift.

Versuchen wir also lieber, für unsere Pferde andere Formen der Zusammenarbeit zu etablieren.

Ein nach »innen« gerichteter Blick kann ein erster Hinweis auf die Bewältigungsstrategie des Erstarrens sein.

Spätestens wenn das Pferd zum Drohen übergeht, sollten die Alarmglocken läuten.

Unsicherheit, Furcht und Angst

Angst und *Furcht* sind zwei Begriffe, die Sie in diesem Buch nun schon wirklich oft gelesen haben. Umgangssprachlich werden die beiden häufig synonym benutzt, und auch wir haben beim Schreiben dieses Buches häufig das geläufigere Wort Angst für den emotionalen Zustand benutzt, auch ungeachtet der Tatsache, eventuell von einem klinisch korrekten Befund abzuweichen. Richtig wäre es, ganz genau zwischen Angst und Furcht zu unterscheiden, denn die beiden damit verbundenen Zustände unterscheiden sich in einigen wichtigen Grundzügen.

Der Neurobiologe Pape prägte den Satz: »Furcht verhält sich zu Angst, wie Gefühl zu Emotion.« Das klingt schon irgendwie nicht so ganz einfach. Ehrlicherweise muss an dieser Stelle erwähnt werden, dass die Wissenschaft zwar für uns Menschen den Begriff der Angst relativ gut definiert hat, diesen Zustand im vollen Ausmaß Tieren zuzugestehen, damit haben viele Wissenschaftler aber noch so ihre Probleme. Dabei geht es vor allem um das emotionale Erleben, schließlich können die Forscher das Tier dazu leider nicht einfach befragen. Während wir bei Tieren also auf Verhaltensbeobachtungen zurückgreifen müssen, können Menschen über ihr emotionales Empfinden befragt werden.

Sicher gibt es manche Ängste, die uns Menschen vorbehalten sind, wie zum Beispiel die Herzneurose, bei der sich betroffene Menschen vor einer schweren Herzkrankheit oder einem Herzinfarkt fürchten. Tieren deswegen Ängste völlig abzusprechen, ist aber sicherlich der falsche Weg. Festzustellen bleibt, dass Ängste sich auf sehr vielfältige Weise äußern, sowohl beim Menschen als

Geführt zu werden, ist für Angstpferde nicht in jeder Situation leicht.

Angst und Stress können sich ganz unterschiedlich zeigen.

auch beim Tier. Diese können beim Pferd von einem allgemeinen Misstrauen vor neuen und ungewohnten Situationen, über plötzliche Schreckreaktionen, bis hin zur Panik ohne ersichtlichen Auslöser reichen.

Aber es gibt auch manche Ereignisse, die fast automatisch Angst auslösen. Dazu gehören intensive und unerwartete Reize, wie zum Beispiel ein lauter Knall, ein tiefer Abgrund, plötzliche Enge oder Dunkelheit, unerwartete Bewegungen am Rande des Gesichtsfelds und vieles mehr. Aber auch bestimmte Verhaltensweisen können Ängste auslösen. Im Kontakt mit dem Menschen stehen dabei an erster Stelle solche Verhaltensweisen, die darauf abzielen, das Pferd einzuschüchtern oder deutliche Merkmale von Beutegreifern tragen, wie zum Beispiel das schnelle und direkte Angehen mit erhöhtem Muskeltonus und Blickfixierung, wie es manchmal zur Vergrößerung der Distanz zwischen Mensch und Pferd praktiziert wird.

Menschen machen Pferden häufig unbewusst Angst.

Beispiel: Ponystute Shawano

Vor einigen Jahren hatte meine Ponystute einen schweren Unfall auf der Koppel, in dessen Verlauf sie auch mehrere feste Absperrungen durchbrach und in ihrer Panik weder ansprechbar noch greifbar war. Bis sie sich schließlich selbst soweit beruhigt hatte, dass sie aus der Gefahrenzone gebracht werden konnte, verging gefühlt eine Ewigkeit. In solchen Belastungssituationen sind Pferde in ihrer ganz eigenen Welt. Das zeigt sich bereits bei mäßiger Angst- und Stressbelastung dadurch, dass die Tiere kein Futter mehr aufnehmen können und sogar das Kauen einstellen, sollte sich im Maul noch Futter befinden.

Nach einer solchen Situation dauert es oft sehr lange, bis der Organismus wieder normal funktionieren kann. Im Fall meiner Stute blieb über Tage eine Übererregbarkeit bestehen, die sie beim kleinsten Geräusch oder einer Annäherung durch die anderen Pferde in erneute Panik versetzte. Da sie sich selbst verletzte, indem sie in und gegen die Wände der Krankenbox sprang, half hier nur noch die medikamentöse Ruhigstellung durch den Tierarzt.

Kathrin

Shawano

Dieses Pferd zeigt Merkmale von Furcht und Ängstlichkeit.

Angst
Angst wird als emotionaler Zustand bezeichnet, der mit einer allgemeinen Besorgnis und dem subjektiven Gefühl der Bedrohung einhergeht und der außerdem mit einer übersteigerten Wachsamkeit in Verbindung gebracht wird. Angst ist im Gegensatz zur Furcht objektunbestimmt und richtet sich häufig auf eine Bedrohung in der Zukunft.

Ein weiterer Ansatz könnte aber auch lauten, dass Angst erst dann entsteht, wenn das Tier auf äußere, die Existenz oder Gesundheit bedrohende Bedingungen oder Ereignisse nicht mit einer passenden Verhaltensantwort reagieren kann. Es kann sich also der Situation nicht entziehen und sie auch nicht beenden.

Furcht
Furcht warnt das Pferd vor einer ganz konkreten Bedrohung, deswegen wird sie häufig auch als Real-Angst bezeichnet. Das Pferd fürchtet sich also vor bestimmten belebten oder unbelebten Objekten und Reizen oder Situationen und auch Orten, von denen eine unmittelbare Bedrohung ausgeht.

Unsicherheit
Hier sagt uns schon das Wort, um was es sich handelt, nämlich um das fehlende Gefühl der Sicherheit. Wenn Pferde diesen Mangel bewusst wahrnehmen, vielleicht weil Gefahr droht oder sie vor einem unlösbaren Problem stehen, reagieren sie mit Unsicherheit. Zur Unsicherheit zählt auch der körpersprachliche

Ausdruck der Irritation. Sicher kennen Sie Situationen, in denen sich Mut und Ängstlichkeit abwechseln. Wenn Pferde sich nicht sicher genug sind, um ein bestimmtes Objekt untersuchen zu können, aber auch noch nicht fliehen, wechseln sich Erstarren und Ausweichen ab.

Furchtkonditionierung – die erlernte Angst

Ängste können aber auch erlernt werden, denn die meisten Ängste gehören nicht zur Grundausstattung der Gattung Hauspferd. Dinge, vor denen sich das erwachsene Pferd fürchtet, sind häufig für das Fohlen noch überhaupt kein Thema. Einige Ängste lernen die jungen Pferde tatsächlich von ihren Müttern oder anderen engen Bindungspartnern. Wenn schon die Mutterstute Angst vor Menschen hat, wird ihr Fohlen dem Menschen gegenüber eher zurückhaltender sein als ein Fohlen, das bei einer sehr zutraulichen Stute aufwächst. Und hat bereits die Stute Angst vor Hunden, wird das Fohlen, wenn es häufig die Gelegenheit hat, die Mutter bei diesem Verhalten zu beobachten, auch dazu neigen, diese Angst zu übernehmen. Zum einen

Dieses Pferd ist sicher genug und erfährt zusätzliche Unterstützung beim Erkunden des Objekts.

können junge Pferde Ängste also direkt, durch das Vorleben eben dieser, von engen Bindungspartnern erlernen, zum anderen gibt es einen Lernvorgang, der den etwas sperrigen Titel Furchtkonditionierung trägt.

Das Prinzip der Furchtkonditionierung erklärt recht einfach, wie bestimmte Ängste gelernt werden können. So wird ein ursprünglich neutraler Reiz mit einem angst- oder furchtauslösendem Reiz gekoppelt, woraufhin im weiteren Verlauf bereits der ursprünglich neutrale Reiz die Angst auslöst. Hier lernt das Pferd also, sich an den Zusammenhang zwischen zwei Ereignissen zu erinnern und der ursprünglich neutrale Reiz wird zum Signal für die Furchtreaktion. Das klingt jetzt alles doch ziemlich theoretisch, aber es gibt vielfältige Beispiele in der Praxis.

Bleiben wir beim Beispiel des Pferdes mit der Furcht vor dem Sattel. Hier fand nämlich genau das statt. Ein ursprünglich neutraler Reiz (der Sattel) wird mit einem angstauslösenden Reiz gekoppelt (es könnte hier mehrere Möglichkeiten geben, zum Beispiel Schmerzen durch den nicht passenden Sattel, eine unsanfte Vorgehensweise bei der ersten Konfrontation usw.). Im Zuge dieser Kopplung zeigt das Pferd bald das Angstverhalten auch schon beim Anblick des Sattels. So lassen sich sicher einige unerwünschte Verhaltensweisen erklären, bei denen viele Menschen auf den ersten Blick gar nicht an ein Angstproblem denken würden.
So wird Pferden, die sich nicht gerne einfangen lassen oder beim Anblick des Menschen mit Halfter das Weite suchen, gerne ein Rangordnungsproblem attestiert. Mit Hilfe der Theorien der Furchtkonditionierung könnte man möglicherweise auch andere Auslöser für das Fluchtverhalten dieser Pferde ausmachen.

Fohlen können Ängste auch von ihren Müttern lernen.

Wenn also der Mensch (ursprünglich neutraler Reiz) das Pferd häufig zur Arbeit (angstauslösender Reiz; häufig bereiten das Reiten und auch die Arbeit vom Boden unter herkömmlichen Ansätzen dem Pferd mehr oder weniger Furcht und Angst) von der Koppel holt, dann wird irgendwann bereits der Mensch am Koppeltor zum Auslöser der Angst und damit auch zum Auslöser des Fluchtverhaltens.

Das ist keine besonders schöne Vorstellung, denn vielen Menschen ist genau das überaus wichtig – eine gute Beziehung zu ihrem Pferd zu haben. Sie lieben ihr Tier und wünschen sich verständlicherweise nichts sehnlicher, als auch etwas Gegenliebe. Das Gute ist, dass nicht willkürlich alles und jedes oder jeder mit

Eine gute Beziehung zum Partner Pferd ist vielen Menschen sehr wichtig.

Angst gekoppelt werden kann. So schafften Forscher es zum Beispiel nicht, Kindern die Furcht vor Bauklötzen beizubringen. Bei Pferden würde man sicher keine »Grasangst« oder »Blumenangst« konditionieren können, egal wie oft man das Pferd zeitgleich zum Anblick der Blume erschrecken würde.

Auch wenn Sie zu Ihrem Pferd bereits eine positive Beziehung aufgebaut haben, wenn also Ihr Pferd Sie bisher als angenehmen Partner erfahren hat, wird ein negatives Erlebnis nicht direkt die ganze Beziehung in Frage stellen. Oder anders formuliert, wird sich Ihr Pferd nicht nur deswegen vor Ihnen fürchten. Anders sieht es aber beim Tierarzt aus, den das Pferd bisher noch nicht positiv verknüpft hat. Hier kann schon eine einzige schmerzhafte Erfahrung ausreichen und der Tierarzt verschwindet für immer in der Angst- und Schmerzschublade des Pferdegehirns. Denn bei Angstreizen hat die Natur dafür gesorgt, dass schon ein einmaliges Erlebnis im Zusammenhang mit starker Angst sich fest im Gehirn verankert, denn im Zweifelsfall bleibt nur ein einziger Versuch.
Aber auch auf potenziell gefährliche Reize, die nicht schon lange evolutionsbedingt festgelegt sind, wie zum Beispiel Waffen, scheint eine Furchtkonditionierung schwieriger zu sein. Auch hier fanden Forscher eine Antwort. Es gibt Ängste, die leichter gelernt werden können als andere. Wissenschaftler bezeichneten dieses Phänomen als Preparedness, was so viel bedeutet wie »Vorbereitet sein«. So haben Fohlen in Gegenden mit

Giftschlangen erst einmal noch keine Angst vor Schlangen – sie ist also nicht automatisch vorhanden wie das Erschrecken vor plötzlichen lauten Geräuschen – aber sie kann deutlich leichter erlernt werden, als zum Beispiel die Angst vor einer Waffe.

Die Gefahr von Sensibilisierung, Generalisierung und Fehlverknüpfung

Nun gibt es eine gute und »einige« schlechte Nachrichten. Fangen wir mit der guten an. Die gute Nachricht lautet, wenn wir den konkreten Auslöser der Angst entdeckt haben, dann können wir auch konkret dagegen arbeiten bzw. trainieren. Das bedeutet, wenn sich unser Pferd vor der blauen Tonne fürchtet, können wir genau daran arbeiten. Fürchtet es sich vor dem Sattel, können wir auch daran konkret arbeiten, aber, und hier beginnt die Liste der schlechten Nachrichten, eine Angst bleibt selten allein, sie sucht sich gerne Gesellschaft. Deswegen gesellen sich möglicherweise innerhalb kürzester Zeit viele kleine »Ängste« zu der einstmals so einsamen Furcht vor dem Sattel.

Ihr Pferd sollte Sie als positiven Partner kennenlernen.

Little Albert, Little Peter – Furchtkonditionierung und Gegenkonditionierung am Menschen

Der Psychologe John B. Watson führte 1920 ein Experiment durch, das in die Geschichte einging. Er zeigte dem 11 Monate alten »kleinen Albert« eine weiße Ratte. Der Junge versuchte, die Ratte zu berühren, und zeigte keine Angst. Im weiteren Verlauf erschreckte er den Jungen immer dann durch ein lautes Geräusch, wenn er nach der Ratte greifen wollte. Nach einigen Durchgängen brachte bereits der Anblick der weißen Ratte den Jungen zum Weinen. Watson hatte den kleinen Jungen das Fürchten gelehrt.

Mary Cover Jones, eine der Wegbereiterinnen der Verhaltenstherapie, konnte durch ihren »Little Peter«-Versuch ein Beispiel für eine gelungene Gegenkonditionierung bei Ängsten zeigen. Der dreijährige Peter hatte große Angst vor Kaninchen. Während der Junge mit anderen Kindern spielte (diese hatten keine Angst vor Kaninchen), hielt sich zeitweise auch ein weißes Kaninchen im Raum auf. Die Angst wurde langsam weniger, doch ein Rückfall zwang die Psychologin zu einem anderen Vorgehen. Sie präsentierte das Kaninchen gleichzeitig mit seiner Lieblingsspeise (einem angenehmen Reiz) und während die anderen Kinder ebenfalls anwesend waren. Am Ende konnte der Junge das Kaninchen berühren und es auf seinem Schoß sitzen lassen.

Diesen Vorgang nennt man Reizgeneralisierung. Nehmen wir also einmal an, unser Pferd entwickelte eine konkrete Furcht vor dem Sattel. Das könnte ganz unterschiedliche Gründe haben – in unserem Beispiel hat das Pferd vielleicht eine schwierige Sattellage und dazu noch einen schlecht angepassten Sattel, der dem Tier Schmerzen bereitet. Ursprünglich zeigte es die Furcht nur vor dem Sattel, nun zeigt das Pferd diese auch bei einer Satteldecke oder einem Fellsattel. Erinnern Sie sich auch an das Beispiel des kleinen Alberts, der Junge hatte am Ende nämlich nicht nur Angst vor der weißen Ratte, sondern auch vor Nikolausbärten, Hunden und Kaninchen, es fand also auch bei ihm eine Reizgeneralisierung statt.

Vor einigen Reizen fürchten sich Pferde leichter – vor anderen kaum.

Dabei verknüpft das Tier seine Furcht vor einem konkreten Reiz (in unserem Fall wäre das der Sattel) mit zunächst ähnlichen Reizen. Das Problem weitet sich also immer weiter aus. Sehr wahrscheinlich sind in diesem Zusammenhang auch Fehlverknüpfungen und

Ortsverknüpfungen. Dabei würde das Tier die Furcht auch mit einem bestimmten Ort – oft ist es zum Beispiel der Ort, an dem das Pferd gesattelt wird –, einer Person, Wegstrecken oder bestimmten Geräuschen (die Tür zur Sattelkammer, das Rollengeräusch des Sattelcaddys usw.) verknüpfen.

Von Pferden, Schnecken und Fruchtfliegen – die Sensibilisierung

Von Gemeinsamkeiten bei unserem Hauspferd, der Meeresschnecke Aplysia und der gemeinen Fruchtfliege würde auf den ersten Blick sicher niemand sprechen. Sucht man in der Lernforschung, wird man dennoch fündig. Denn ein weiteres Phänomen, das gerne, schnell und häufig im Zusammenhang mit Angst auftritt, wurde besonders intensiv an diesen beiden Arten untersucht: die Sensibilisierung.

Dabei kommt es durch einen unangenehmen oder schmerzhaften Reiz zu einer Übererregung des Organismus, mit der Folge, dass die allgemeine Reaktionsbereitschaft erhöht wird und die auftretenden Reaktionen deutlich intensiver ausfallen als zuvor. Es findet also eine Reizbewertung statt, in diesem Fall wird das Pferd zu dem Schluss kommen, dass ein konkreter Reiz besonders wichtig ist, da von ihm eine Bedrohung ausgeht. Die Gefahr der Sensibilisierung besteht deswegen in besonderem Maße bei Pferden, die bereits an einem bestehenden Angstproblem oder aber unter chronischen Schmerzen (denken Sie dabei zum Beispiel an Arthrose oder Hufrehe) und körperlichem Unwohlsein leiden. Die Besitzer berichten häufig, dass die Pferde immer schreckhafter werden und dabei immer extremer auf einen ängstigenden Reiz reagieren.

Beim Reiten muss besonders sensibel auf mögliche Schmerzreize geachtet werden.

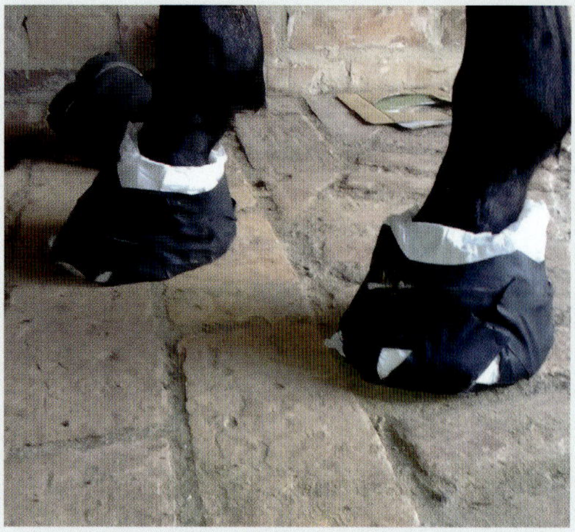

Während eines Reheschubes sind Pferde deutlich sensibler für zusätzliche Reize.

So kann es vorkommen, dass ein Pferd in einer akuten und sehr schmerzhaften Situation deutlich stärker auf zusätzliche Reize, wie eine Spritze, reagiert. Oder stellen Sie sich vor, Sie stehen kurz vor einer wichtigen Prüfung, der Lernstress war enorm und Sie sind schon Tage vorher wegen des Ausgangs der Prüfung nervös. Am Prüfungstag kommen Sie in einen fremden Raum und finden dort eine besonders laut tickende Uhr vor. Wahrscheinlich können Sie sich nur schlecht auf etwas anderes konzentrieren und würden die nervtötende Uhr schon nach kurzer Zeit am liebsten aus dem Fenster werfen.

Kann man Angst mit positiver Verstärkung verschlimmern?

Die Angstreaktion auf bestimmte Reize kann also angeboren sein, wie zum Beispiel die Reaktion auf Enge und das Beengtsein. Das Pferd kann sie außerdem im Laufe seines Lebens erlernen. Dabei spielen unterschiedliche Vorgänge eine Rolle, wie Sie im vorangegangenen Abschnitt erfahren haben.

Haben Sie vielleicht auch schon einmal den Tipp bekommen, dass Sie Ihr Pferd, wenn es Angst hat oder unsicher ist, nicht streicheln oder stimmlich beruhigen dürfen, da dies die Angst belohnen und es so zu vermehrter Angstbelastung kommen würde? Oder den Ratschlag, niemals und unter keinen Umständen gerade dann zu clicken, wenn Ihr Pferd Angst verspürt? Die Antwort auf beide Fragen können Sie sich nur selbst geben. Denn wenn Sie bei Ihrem Tier feststellen, dass es sich durch Streicheln und gutes Zureden beruhigen lässt, dann spricht das Ergebnis für sich. Damit das funktioniert, muss das Pferd Sie allerdings bereits als positiven Bindungspartner kennengelernt haben.

Wir haben bereits beschrieben, dass Trainingsmethoden, die über negative Verstärkung und positive Strafe arbeiten, bei Angstpferden oft kontraproduktiv sind, und leider haben diese

In beängstigenden Situationen kann die Berührung durch einen engen Bindungspartner beruhigend wirken.

Pferde den Menschen häufig nicht als sicheren Partner kennengelernt. Auch bei schmerzhaften Manipulationen oder während das Pferd fixiert wird, werden Berührungen eher als unangenehm empfunden. Doch selbst das ist von Pferd zu Pferd verschieden. Während das eine Pferd eine Berührung nur als unangenehm empfindet, empfindet ein zweites eine ähnliche Berührung vielleicht schon als Bedrohung. Hier muss wirklich sehr deutlich auf das Ausdrucksverhalten der Pferde geachtet werden, um erkennen zu können, ob Sie Ihrem Pferd tatsächlich etwas Gutes tun – auch wenn Sie mit den besten Absichten handeln.

Im Kapitel »Furchtkonditionierung – die erlernte Angst« haben Sie bereits gelernt, dass Reize dann als potenziell bedrohlich wahrgenommen und abgespeichert werden, wenn zeitgleich ein anderer aversiver Reiz, wie zum Beispiel ein lauter Knall, ein Gertenschlag oder der Stromschlag vom Elektrozaun, auftritt. Ängste werden niemals durch einen als positiv erlebten Reiz gelernt, sondern, ganz im Gegenteil dazu, eher abgeschwächt. Dieses Phänomen macht man sich zum Beispiel bei der Gegenkonditionierung bewusst zunutze. Man kann also eine negative Emotion wie die Angst niemals durch eine positive Emotion wie die Freude verstärken! Das bedeutet, dass Sie ein Pferd theoretisch niemals durch Click und Futter noch ängstlicher machen können, zumindest solange Futter und Training vom Pferd auch als angenehm empfunden werden.

Doch auch hier gibt es ein »Aber«, denn Emotionen sind, wie Sie später noch erfahren werden, an Körperhaltung und Ausdruck gekoppelt. Wenn Sie also ein unsicheres Pferd haben, das zum Beispiel immer vor der gleichen roten Tonne zu tänzeln beginnt, und Sie versuchen, Ihr Pferd mit Click und Futter an der Tonne »vorbeizulocken«, verstärken Sie natürlich zunächst das Verhalten des Pferdes – in diesem Fall das Tänzeln. Es wird sich also wahrscheinlich immer mehr aufregen, wenn es die rote Tonne erblickt. Das hat auch nichts mit bewusstem In-die-Irre-Führen zu tun, denn der Körper lässt sich nun mal nicht belügen. Verstärken Sie immer genau in dem Moment, in dem Ihr Pferd Angstverhalten zeigt, verstärken Sie durch das körperliche Ausdrucksverhalten auch die dazugehörige Emotion!

Noch ein weiteres »Aber« muss hier ebenfalls angesprochen werden. Denn wenn immer nur in angstbesetzten Situationen geclickt wird, verknüpft das Pferd Click und Futter mit der Angst. Dadurch schwächt die negative Emotion die Wertigkeit des Belohnungsfutters und des Clicks ab. Das bedeutet natürlich nicht, dass Sie in solchen Situationen niemals clicken dürfen. Ein sinnvolles Alternativverhalten, welches zwar in Angstsituationen abgefragt wird, aber an eine andere Emotion gebunden ist, sollten Sie sogar in Akutsituationen gezielt benutzen, um die Angstreaktion zu unterbrechen und dem Pferd eine Handlungsalternative anzubieten.

Körperhaltung und Gefühl sind untrennbar miteinander verbunden.

Sinnvoll ist es auch, besonders schmackhaftes und beliebtes Futter für schwierige Situationen zu benutzen. Wenn Ihr Pferd Probleme beim Spazierengehen hat, können Sie genau für diese Einheiten das besonders hochwertige Futter benutzen. Wenn Sie also im Normalfall mit Graspellets trainieren, könnten Sie als »Superfutter« zum Beispiel Müsli oder Karotten benutzen. Aber auch jedes andere Futter, das ihr Pferd liebt und gut verträgt, ist als »Superfutter« geeignet und löst bei Ihrem Pferd die gewünschte Emotion Freude aus.

Achtung: Bitte beachten Sie beim Training mit Angstpferden immer, dass Sie ausschließlich im grünen Bereich – dem sogenannten Wohlfühlbereich – mit ihrem Pferd trainieren. Gerade beim Verwenden von Superfutter könnte es sonst schnell zum umgekehrten Effekt kommen. Wenn Sie dieses Futter nur in angstbesetzten Situationen verwenden, könnte nämlich das Futter dem Pferd die unangenehme Situation ankündigen. Es wäre dann sozusagen negativ verknüpft und würde damit seine hohe Wertigkeit verlieren.

Erwähnenswert sind auch die unterschiedlichen Funktionen der beiden Emotionen. Während Angst vom Tier als unangenehm empfunden wird und deshalb dieser Zustand nach Möglichkeit ganz vermieden oder so schnell wie möglich abgestellt wird, ist Freude eine positive Emotion und das Pferd ist bestrebt, diesen Zustand möglichst oft und lange zu erreichen. Dadurch hat das Entfernen von einem ängstigenden Reiz, wenn er zum Beenden der Stressreaktion führt, schon einen verstärkenden Charakter. Da beide Emotionen in unterschiedlichen Teilen des Gehirns verarbeitet werden, kann ein Pferd nicht Freude und Angst gleichzeitig empfinden.

Training sollte im Wohlfühlbereich stattfinden.

Aufgeblähte Nüstern und weit aufgerissene Augen, bei denen man das Augenweiß erkennen kann, gehören zur typischen Mimik bei Angst.

Auch die deutlich hervortretende Wangenmuskulatur, die dreieckigen Falten über den Augen und das angespannte Kinn gehören zur Angst-Mimik.

Noch einmal mit Gefühl – Körperhaltung und Ausdrucksverhalten

Wussten Sie, dass Körperhaltung und Gefühle fest miteinander verbunden sind? So ist es fast unmöglich sich selbst zu entspannen, wenn die Muskulatur verkrampft ist, die Hände zu Fäusten geballt sind, der Kiefer zusammengebissen und der Atem angehalten wird. Versuchen Sie es doch einfach selbst einmal. Nehmen Sie die beschriebene Haltung ein. Und nun versuchen Sie zu entspannen. Das wird in dieser Haltung nicht möglich sein! Aber vielleicht, wenn Sie bewusst die Hände öffnen und die Kiefermuskulatur lockerlassen, denn dann kann der Atem wieder fließen und Ihr Körper entspannt sich fast automatisch.

Auch bei Pferden sind bestimmte Körperhaltungen mit bestimmten Emotionen verbunden. Um Ängste beim Pferd zu erkennen, ist es wichtig, das Ausdrucksverhalten der Pferde zu kennen.

Kennzeichen für Angst

- Augenausdruck – Die Augen sind weit geöffnet, teilweise starr auf den Auslöser gerichtet, bei größerer Angst wird das Augenweiß sichtbar. Ein ganz wichtiges Zeichen sind Falten über den Augen, die sich sowohl bei Angst als auch bei Unwohlsein, Stress und Schmerzen bilden.
- Mimik – Im Training mit aversiven Reizen zeigen Pferde häufig die ganz typische, leicht verlängerte Oberlippe – die im deutlichen Unterschied zum Spielgesicht – mit zusammengebissenem Kiefer sowie weit geöffneten Augen und Nüstern verbunden ist. Meist ist die Wangenmuskulatur deutlich erkennbar und tritt hervor.
- Körpersprache – Der Muskeltonus ist deutlich erhöht. Die Anspannung der Körpermuskulatur hängt stark vom Grad der empfundenen Angst ab. Grob könnte man sagen, je höher und stärker der Muskeltonus ist, desto stärker ist auch die empfundene Angst. Oft findet man einen leicht eingezogenen Schweif, wobei dieser bei leichter Erregung auch höher getragen werden kann. Das ganze Pferd wirkt häufig, als würde die Hinterhand wegtauchen. Die Sprunggelenke können einknicken. Diese körperlichen Ausdrucksformen variieren allerdings, je nachdem aus welcher Richtung der angstauslösende Reiz kommt.

Die Körpersprache gibt ebenfalls deutlichen Aufschluss über den Gefühlszustand des Pferdes.

Entspannung durch entspannte Körperhaltung
Der natürliche Gegenspieler der körperlichen Anspannung, wie wir sie bei Angst und Stress finden, ist die Entspannung. Körperliche Entspannung führt beim Pferd automatisch ebenfalls zu einer emotionalen Entspannung und damit zu Ruhe, Gelassenheit und Wohlgefühl. Übrigens können im täglichen Umgang mit dem Pferd und im sozialen Miteinander der Pferdeherde regelmäßige Entspannungsphasen als wichtiger Indikator für das Sicherheitsempfinden der Pferde angesehen werden.

Das parasympathische Nervensystem

Wussten Sie, dass alles, was mit Entspannung zu tun hat, von einem extra dafür spezialisierten Teil des Nervensystems gesteuert wird? Im parasympathischen Nervensystem finden wir einen aktiven Gegenspieler zur Kampf- und Fluchtbereitschaft des Pferdes. Es steuert die Entspannung und die daran gekoppelte und überaus wichtige Erholung für den Körper, vor allem nach einer Furcht- oder Schreckreaktion. Bei Stress aktiviert das sympathische Nervensystem, der Gegenspieler des parasympathischen Nervensystems, den Körper und bereitet ihn damit auf eine Flucht oder den Kampf vor. Dabei ist der zentrale Botenstoff das Noradrenalin. Bei Pferden mit einem Angstproblem ist die Funktion des parasympathischen Nervensystems durch die Störung des hormonellen Gleichgewichts stark reduziert.

Die Körperhaltung, die mit Entspannung gleichzusetzen ist, kann an bestimmten beobachtbaren Kriterien erkannt und deswegen auch gezielt trainiert werden. Am auffälligsten ist die tiefe Haltung des Kopfes mit gleichzeitig entspannter Maulpartie und entspannten Nüstern. Wichtig ist es, diese Entspannungshaltung zu trainieren und sie in möglichst vielen unterschiedlichen Situationen abzufragen. So können Sie zum Beispiel, nachdem Sie das Kopfsenken im Stand erarbeitet haben, ein Signal hinzufügen. Das kann eine spezielle Handhaltung oder ein kurzes Annehmen des Stricks sein. Das nächste Ziel kann anschließend das Abfragen der Übung im Schritt oder auch unter Ablenkung sein. Zum Beispiel während eine oder mehrere fremde Personen anwesend sind – später auch, wenn diese das Pferd berühren – oder wenn unbekannte Geräte und Maschinen die Übung erschweren. Beachten Sie dabei, dass Erwachsene und Kinder gerade für Angstpferde unterschiedliche Kriterien sind.

Sobald diese Ablenkung im Stand gut funktioniert, und das Pferd sich auch in Anwesenheit der Maschinen entspannen kann, dürfen Sie mit dem nächsten Schritt fortfahren. Nun können Sie sich gezielter der angstauslösenden Situation stellen und zum Beispiel langsam einen Traktor vorbeifahren lassen. Genauso können Sie auf diese Weise mit Radfahrern oder Autofahrern trainieren. Auch alle möglichen Berührungen und Manipulationen können in diesem Kontext geübt werden, ebenso wie Gerüche und Geräusche. Hier dürfen Sie kreativ werden und sich richtig viel einfallen lassen. Denken Sie dabei nur an die

Ein gesenkter Kopf hilft dem Pferd dabei, sich körperlich und emotional zu entspannen.

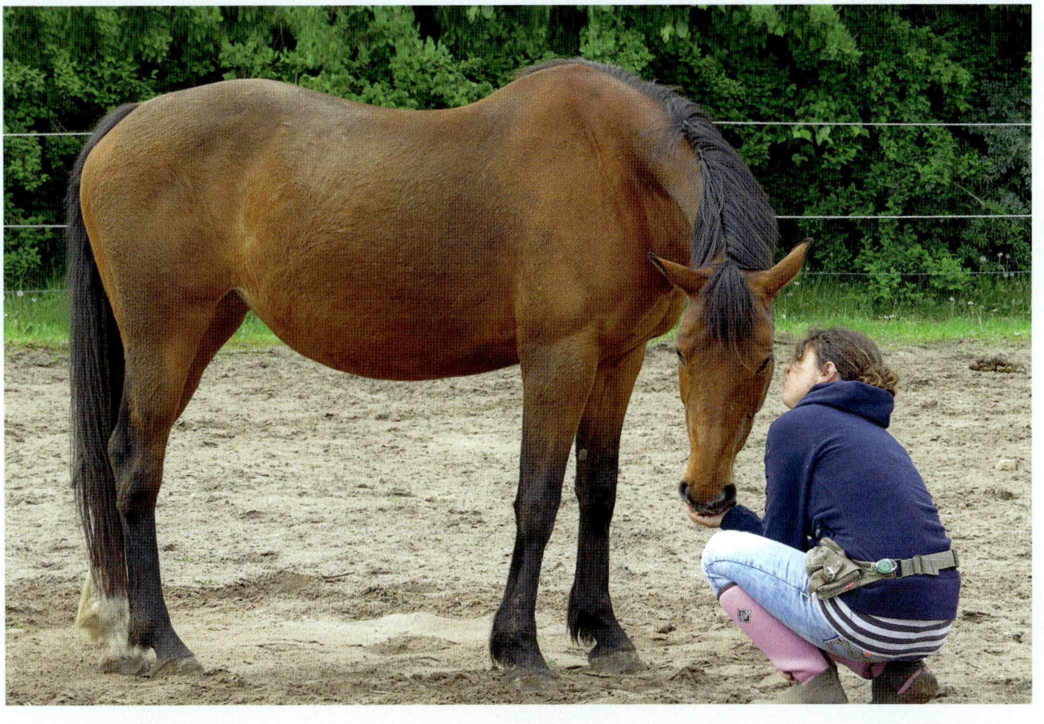

Spielregeln: Immer im grünen Bereich trainieren, das Pferd niemals überfordern und die Schritte klein und mit Bedacht wählen, sodass Ihr Pferd wirklich immer entspannt durch die Übungen gehen kann. Je mehr Zeit und Geduld Sie hier investieren, desto einfacher wird Ihr Pferd dieses Alternativverhalten in einer tatsächlichen Gefahrensituation ausführen können. Mehr zum Trainingsaufbau finden Sie im Kapitel »So lernen Pferde«.

Gleichzeitig sollten Sie immer – und besonders, wenn Sie mit Ihrem Angstpferd arbeiten – auf Ihre eigene Körperhaltung und -spannung achten. Die Atmung sollte gleichmäßig, tief und ruhig sein, die Schulter-Hals-Partie leicht gesenkt und der Rücken nicht ganz durchgedrückt werden. Pferde sind Meister darin, Körpersprache zu deuten, selbst wenn das Gegenüber nicht zur eigenen Art gehört. Deswegen sollte die eigene innere Einstellung immer mit beachtet werden. Hatten Sie gerade heute einen anstrengenden Tag und wenig Zeit und Geduld mit Ihrem Pferd, dann sollten Sie vom Training absehen und lieber Ihr Tier auf der Koppel besuchen. Auch manuelle Entspannungstechniken, wie zum Beispiel der Tellington-Touch oder Körperbänder, können Ihrem Pferd, wenn sie richtig ausgeführt werden, helfen zu entspannen und als wertvolle gemeinsame Zeit angesehen werden.

Berührungen können Wellness für Körper und Seele sein.

Checkliste: Die Hierarchie der Angst- und Stressreize

Erstellen Sie eine Checkliste, auf der Sie die Stressoren und angstauslösenden Situationen und Reize Ihres Pferdes festhalten. Sortieren Sie die Probleme dabei von 0 bis 10, wobei 0 für »keine Angst« und 10 für »große Angst/Panik« steht. So haben Sie bereits einen ersten Überblick, an welchem Punkt mit dem Training begonnen werden kann!

0 1 2 3 4 5 6 7 8 9 10

Auf der Reizintensitäts-Skala steht 0 für »keine Angst« und 10 für »Panik«.

Reizintensität und Ausprägung von Angst oder Stress 1 = geringe Angst / Stress 10 = große Angst / Panik	Situation, Auslösereiz, Stressor Umgebung, anwesende Personen oder Gegenstände, Wetter, andere Tiere, Handlungen	Reaktion des Pferdes Körpersprache, Mimik, Drohgebärden, Ausweichverhalten
1	Während das Pferd in der Herde an der Heuraufe steht, legt ein anderes Pferd die Ohren an	Das Pferd tritt einen Schritt zur Seite und frisst weiter
6	Eine fremde Person nähert sich, ohne vorherige Begrüßung, mit ausgestreckter Hand in Richtung Pferdehals	Das Pferd nimmt den Kopf hoch und wendet ihn ab; es spannt die Halsmuskulatur an; bei weiterer Annäherung läuft es los oder drängelt über die Schulter weg

Notieren Sie sich in dieser Tabelle Angstauslöser und die Reaktionen Ihres Pferdes, um Ihr zukünftiges Training zu planen.

Teil II –

Denken, Fühlen, Spüren

Wie die Angst ins Pferd gelangt

In diesem Kapitel wollen wir uns mit den Vorgängen im Körper befassen und betrachten, wie und wo starke Emotionen, wie zum Beispiel Unsicherheit, Furcht und Angst, entstehen. Was passiert dabei im Pferdekörper, vom Anblick eines Reizes bis zur Flucht oder einer möglichen Entwarnung und welche Organe und Systeme helfen bei der Verarbeitung? Sicher fällt Ihnen dazu sofort ein Organ ein – das Gehirn.

Im Hirnstamm werden Schlafen und Wachheitsgrad gesteuert.

Lieber Leser,

vielen Dank für Ihre Antwort.
Nur durch Ihre Anregungen und Ihre Kritik können wir uns ständig verbessern. Bitte schreiben Sie uns doch auf dieser Antwortkarte, wie Ihnen das Buch gefallen hat.

Autor und Titel des Buches:

Meine Meinung zu diesem Buch:

☐ sehr gut ☐ gut ☐ weniger gut ☐ nicht so gut

Kommentar:

Intelligenz des Fühlens – das limbische System

Um zu verstehen, wie genau die Angst ins Pferd gelangt und was sie dort eigentlich tut, bedarf es eines genaueren Blicks auf spezielle Teile des Gehirns. Der erste Teil des Pferdegehirns, den Sie etwas näher kennenlernen, wird wegen des entwicklungsgeschichtlichen Bezugs auch Reptiliengehirn oder Hirnstamm genannt und bezeichnet den unteren Teil des Gehirns, der wie ein Baumstamm ins Rückenmark übergeht.

In diesem Hirnstamm werden nicht nur unbewusste Funktionen gesteuert, sondern vor allem auch die lebenswichtigen Systeme, dazu gehören zum Beispiel der Herzschlag und die Atmung, Wachen, Schlafen und Wachheitsgrad – auch Arousal genannt –, Blutdruck, Kreislauf sowie die Koordination von Wahrnehmung und Bewegung. Das »Glückshormon« Serotonin wird hier, in den sogenannten Raphe-Kernen produziert. Ein Mangel an Serotonin wird mit der Entstehung von Angsterkrankungen in Zusammenhang gebracht. Ebenfalls im Hirnstamm zu finden,

Fühlen sich beide Partner wohl, schüttet das Gehirn den Botenstoff Serotonin aus.

Pferde bilden komplexe Sozialstrukturen und starke Bindungen – mitverantwortlich dafür sind spezielle Teile des Gehirns.

sind die Reflexe, wie zum Beispiel der Saugreflex von Fohlen oder der Lidschlussreflex.

Aus den Reptilien entwickelten sich die ersten Säugetiere, die sich damals noch mit Nischen in ihrer Umwelt zufriedengeben mussten. Es bildete sich der Teil des Gehirns, der für die sozialen Säuger mit ihren völlig andersartigen Verhaltensweisen, wie zum Beispiel der einzigartigen Mutter-Kind-Bindung, bezeichnend ist: das Säugetiergehirn – auch limbisches System genannt. Mit Teilen dieses sehr komplexen Gehirnareals, das sich anatomisch wie ein Saum an den Hirnstamm schmiegt, wollen wir uns näher beschäftigen. Lange wurde angenommen, dass das limbische System alleine für Emotionen und Gefühle verantwortlich wäre, ja sogar ausschließlicher Sitz von diesen. Schlussendlich ist es aber fast ein Mysterium, denn noch ist die Forschung sich nicht ganz einig, welche Gehirnareale überhaupt zum limbischen System zählen.

Aktuell werden als wichtigste Teile der Hippocampus, die Amygdala, Gyrus Cinguli und Gyrus parahippocampalis genannt. Die Funktionen des limbischen Systems lassen sich leider nicht so eindeutig abgrenzen, wie früher vermutet wurde. Sicher ist, es ist erheblich an Verarbeitung, Entstehung und Steuerung der Emotionen, Antrieb und an der Gedächtnisbildung beteiligt. Und sicher ist mittlerweile auch, dass alle Funktionen des Gehirns nur erbracht werden können, weil es ein kompliziertes Zusammenspiel aller Gehirnregionen gibt, welche ständig auch Informationen des ganzen Pferdekörpers aufnehmen und verarbeiten.

Positive Verstärkung im Gehirn

Wussten Sie, dass das Pferdegehirn perfekt auf die positive Verstärkung eingestellt ist? Ihr Pferd hat sogar ein eigens dafür eingerichtetes Belohnungssystem – das mesolimbische System. Hier fanden Forscher den Botenstoff, der für Freude und Wohlbefinden steht wie kein zweiter. Häufig wird er sogar als das »Glückshormon« bezeichnet – das Dopamin. Allerdings konnte nachgewiesen werden, dass Dopamin keineswegs der Auslöser von Freude oder Glück im Gehirn ist. Vielmehr ist an diesen Neurotransmitter die Erwartung einer Belohnung – die Vorfreude – gekoppelt, weswegen er eine wichtige Rolle beim Lernen und der Motivation spielt.

Wenn Sie also bewaffnet mit Clicker und Futter den Reitplatz betreten, wird Ihr Pferd in freudiger Erwartung einer Belohnung zügig zu Ihnen kommen. Für jeden verdienten Click mit darauffolgender Belohnung werden wieder Teile des mesolimbischen Systems aktiv und generieren Freude und Lust.

Für den Notfall

Wenn Ihr Pferd sich gerade in einer angstauslösenden Situation befindet, ist das Training, wie Sie bereits erfahren haben, unmöglich. Das bedeutet für Sie, dass Sie in diesen Momenten ausschließlich für die Sicherheit von Mensch und Tier verantwortlich sind. Es versteht sich dabei von selbst, dass Sie solche Situationen niemals bewusst provozieren, indem Sie Ihr Pferd Reizen aussetzen, denen es noch nicht gewachsen ist. Erinnern Sie sich an die Trainingsampel – diese Situationen würden die rote Warnlampe aufleuchten lassen. Dennoch können Sie selbst bei vorausschauendem und achtsamem Training in eine Situation kommen, die so nicht geplant war und die Ihr Pferd sprichwörtlich in Angst und Schrecken versetzt.

Hier ist das mesolimbische System gleich dreimal aktiv – zweimal Pferd, einmal Mensch.

Ein einfaches Verhalten, wie zum Beispiel das Nasentarget, kann die Konzentration des Pferdes in einer Notfallsituation wieder zurück auf den Menschen lenken.

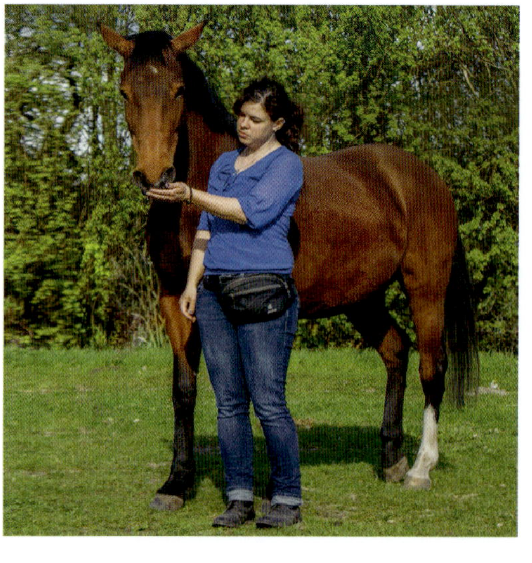

Hier kann es sinnvoll sein, das Gehirn vom Einspeichern des beängstigenden Erlebnisses abzulenken und einen gerade erlebten Angstreiz positiv zu überlagern. Dazu warten Sie, bis Ihr Pferd wieder ansprechbar ist und Futter aufnehmen kann. Lassen Sie Ihr Pferd nun möglichst einfache und gut – über positive Verstärkung – gelernte Übungen ausführen. Das kann ein einfaches Targetverhalten sein, wie das Kinn- oder Wangentarget. Aber auch alle anderen Übungen, die einfach auszuführen und sicher sind und die das Pferd auch unter Ablenkung zeigen kann, wie zum Beispiel das Kopfsenken, können dazu dienen, das Gehirn sozusagen auf positive Konzentration umzupolen. Dabei dürfen Sie auch einige Durchgänge hintereinander abrufen und jeweils sehr großzügig belohnen. Dies ist kein Training und ausschließlich im Notfall anzuwenden!

Nähern wir uns dem Phänomen limbisches System einmal auf traditionelle Weise, nämlich indem wir uns die wichtigsten Strukturen und ihre Funktionen einmal genauer ansehen und zwar vor allem jene, die für uns von besonderem Interesse sind. Zum einen, weil sie direkt bei der Entstehung der Angst im Gehirn beteiligt sind, zum anderen, weil sie an verwandten Gefühlszuständen beteiligt sind.

Starten wir doch beim »Tor zum Gedächtnis« dem Hippocampus. Hippocampus – der Name könnte nahelegen, dass es endlich wieder um unser eigentliches Thema geht, nämlich um Pferde. Fast.

Der Hippocampus verdankt seinen Namen seiner mehr oder weniger offensichtlichen Ähnlichkeit mit einem Seepferdchen. Dabei hat das Seepferdchen im Pferdehirn einen wichtigen Job. Ohne es könnten unsere Pferde nicht lernen bzw. keine neuen Erinnerungen mehr abspeichern, und wäre unser Pferd ein Eichhörnchen, würde es den nächsten Winter sicher nicht ohne diese Hirnstruktur überleben. Hier sitzt nämlich auch das Ortsgedächtnis. Tiere, die Vorräte anlegen und ihr Futter verstecken, Taxifahrer mit gutem Ortsgedächtnis, aber auch Weidetiere wie Schafe und Pferde tragen besonders große Hippocampi in ihren Köpfen. Damit können sie sich auch auf großem Areal oder in freier Natur an besonders gute Futterplätze und schmackhafte Kräuter erinnern.

Hilfreich ist hierbei sicher noch eine weitere, einzigartige Eigenschaft des Hippocampus: seine enorme Plastizität. Er hat die Fähigkeit, neue Nervenzellen entstehen zu lassen, die ihrerseits natürlich bemüht sind, neue Verknüpfungen und Bahnen anzulegen. Werden

Auch beim Training kann das Ortsgedächtnis nützlich sein – immer dann, wenn Übungen mit einem bestimmten Ort am Reitplatz verknüpft werden.

dann bestimmte Verschaltungen besonders oft benutzt, werden diese sozusagen immer besser ausgebaut. Er kann aber auch, im umgekehrten Fall, Verschaltungen, die wenig oder nie genutzt werden, abbauen. Fluch und Segen gleichzeitig, wie wir später noch erfahren werden.

Besonders gut sind seine Beziehungen übrigens zur Amygdala, dem sogenannten Mandelkern. Er ist sozusagen der Kern des Geschehens, zumindest für uns als Pferdebesitzer. Denn ob unser Pferd in Panik flieht, vor Angst erstarrt oder als letzten Ausweg die Verteidigung wählt, wird hier mitentschieden und gesteuert.

Marionette auf vier Beinen – die Amygdala übernimmt

Die Amygdala ist das Zentrum des emotionalen Gedächtnisses und speichert unter anderem für das Pferd emotionale Traumata und ängstigende Erlebnisse. Sie entscheidet blitzschnell über eingehende Reize, die sie zum einen über den Thalamus bezieht und zum anderen direkt über den olfaktorischen Cortex (Riechkolben). Das erklärt, warum Gefühl und Geruch häufig so viel schneller und deutlich tiefsitzender verbunden werden.

Das gilt sowohl für Pferde als auch für uns Menschen. Wer kennt nicht zumindest einige Beispiele für angenehme Gefühle, die durch einen Geruch ausgelöst werden, wie zum Beispiel der Duft von Weihnachtsgebäck und Gewürzen, der bei vielen Menschen direkt Wohlgefühl und Glück auslöst sowie vielleicht zugehörige schöne Erinnerungen aus der eigenen Kindheit. Diese würde dann übrigens der Hippocampus beisteuern.

Aber auch das Gegenteil kann der Fall sein. Haben wir zum Beispiel vor Jahren einen verdorbenen Fisch gegessen und wurden davon krank, werden Ekel und Übelkeit uns im schlechtesten Fall schon beim leisesten Fischgeruch heimsuchen. Ähnlich geht es auch den Pferden. Sie reagieren häufig unsicher oder mit Abwehr bei unbekannten, intensiven Gerüchen. So ist zum Beispiel intensiver Schweinegeruch für viele Pferde ein Grund, das Weite zu suchen. Aber auch starkes Parfüm macht manche Pferde unruhig, wohingegen aus der Aromatherapie Öle bekannt sind, die auch bei Tieren für Entspannung sorgen sollen. Außerdem können Pferde als »Nasentiere« – dazu gehören Tiere, die in der Lage sind, sehr vielfältige chemische Informationen über den Geruchssinn wahrnehmen zu können – Angst, Stress und Aggression sozusagen »erriechen«.

Oft sind wir aber viel zu sehr mit uns selbst beschäftigt, um fremde Gerüche überhaupt bewusst wahrzunehmen, geschweige denn diese auch noch der Unsicherheit unseres Pferdes zuzuordnen. Wir nehmen unsere Umgebung eher visuell wahr, was dazu führt, dass wir deutlich leichter visuelle »Bedrohungen«

Bei der Begrüßung unter Pferden spielt das Beriechen des Atems eine wichtige Rolle – er dient auch als ein Merkmal der Wiedererkennung.

In einem Notfall können Pferde nicht lange nachdenken, dann übernimmt sozusagen der Autopilot.

ausmachen können. Besitzer mit »Angstpferden« scannen ihre Umgebung ständig. Sie sind immer auf der Suche nach gefährlichen Situationen oder Reizen, die das Pferd an den Rand des nächsten Gefühlsausbruchs bringen könnten.

So ähnlich geht es auch den überängstlichen Pferden. Auch sie scannen ständig ihre gesamte Umgebung. Die Reaktion auf einen Außenreiz muss sehr schnell und fast reflexartig ablaufen.

Stellen Sie sich folgende Situation vor: Sie beobachten Ihr Tier, wie es auf der Koppel in seiner Herde grast. Es ist ein wunderschöner Herbsttag, die Luft ist kühl und es fliegen nur noch wenige der nervigen Insekten, die die Pferde über die Sommermonate so sehr gepiesackt haben. Die Tiere sind ruhig und entspannt, ihr genüssliches Kauen und ein vereinzeltes Schnauben lässt auch Sie langsam in eine wohlige Entspannung gleiten. Doch plötzlich hebt eines der Tiere alarmiert den Kopf, dann ein weiteres und schon galoppiert die komplette Herde an das weit entfernte Koppelende. Erschreckt drehen Sie sich um und sehen, wie Ihre fröhlich winkende Nachbarin mit ihren beiden wild spielenden Hunden vorbeiläuft. Sie lächeln, winken zurück und wenden sich wieder den Pferden zu. Die Herde grast bereits wieder friedlich und von Aufregung ist nichts mehr zu sehen.

So oder so ähnlich könnte es aussehen, wenn emotionale Reize auf dem schnellstmöglichen Weg verarbeitet werden – nämlich direkt über die Amygdala. Das ist sozusagen die superschnelle Antwort des Gehirns auf Reize, die Gefahr für Leib und Leben bedeuten könnten. Es wird gehandelt, ohne die Situation genauer zu überprüfen, denn diese genaue Überprüfung würde im Gehirn zusätzliche Zeit kosten. Um bei unserem Beispiel zu bleiben: Ein Pferd nimmt visuell die Hunde wahr, dieser Reiz wird vom Auge an das Gehirn weitergeleitet und kommt im Thalamus an. Wir erinnern uns, der Thalamus ist das Tor zum Bewusstsein. Hier wird nun also entschieden, dass der Reiz ohne Umwege über das Bewusstsein sofort an die Amygdala weitergeleitet wird.

Die Informationen gelangen also völlig unbewusst, ohne den zeitraubenden Umweg über die Großhirnrinde, zu ihrem Empfänger. Ab hier übernimmt die Amygdala. Ihre Reaktion ist nicht unterdrückbar und läuft – das müssen wir an dieser Stelle nochmals erwähnen – völlig unbewusst ab. Das heißt, selbst wenn das Pferd wollte, es könnte seine Reaktion auf einen Angstreiz nicht unterdrücken. Vielleicht denken wir das nächste Mal daran, wenn unser Pferd vor scheinbar jeder Kleinigkeit erschrickt.

Die Stute zeigt die typische, angstmotivierte, hohe Erregungslage.

Noch ein Beispiel: Stellen Sie sich vor, Sie fahren mit Ihrem Wagen eine Straße entlang. Links und rechts der Straße steht dichter Wald und die Seitenstreifen sind mit hohem Gras und Gestrüpp bewachsen. Plötzlich nehmen Sie aus dem Augenwinkel eine Bewegung wahr. Sofort verändert sich Ihre Körperspannung, der Blutdruck steigt und Ihre Pupillen verengen sich. Das alles geschieht völlig unbewusst und in Bruchteilen von Sekunden, gesteuert von der Amygdala. Meist folgt dann aber auch gleich wieder die Entwarnung, die wahrgenommene Bewegung war nur ein Eichhörnchen, das schon auf dem nächsten Baum verschwunden ist. In diesem Moment erst nehmen auch Sie bewusst die körperlichen Symptome war. Vielleicht sind die Knie noch etwas wackelig oder die Hände zittrig. Diese bewusste Wahrnehmung läuft über die Hirnrinde, die nach genauem Analysieren und Bewerten der Situation – es war nur ein Eichhörnchen – die Notfallreaktion, die die Amygdala in Gang gesetzt hat, stoppt.

In der Amygdala werden Informationen also auf ihren emotionalen Inhalt untersucht und mit ähnlichen Situationen verglichen. Wird, wie in unserem ersten Beispiel, die Nachbarin regelmäßig mit den Hunden an der Koppel vorbeilaufen, werden die Pferde darauf bald nicht mehr reagieren. Dann bekommt nämlich die Amygdala auf Nachfrage beim Hippocampus, der wiederum seine Informationen auch aus anderen vernetzten Hirnteilen, wie zum Beispiel Teilen der Großhirnrinde, bezieht, den Hinweis auf eine bekannte und ungefährliche Situation. Vorausgesetzt, die Hunde würden sich nicht eines schönen Tages entscheiden, die Pferde doch zu jagen.

Die Anforderungen an unsere Pferde sind vielfältig – achten Sie genau darauf, ob Ihr Pferd diese gelassen meistern kann.

Einen Haken gibt es noch. Wir alle sind sozusagen schon »vorprogrammiert«, niemand kommt also mit völlig »leerem« Gehirn zur Welt. So reagiert die Amygdala auf bestimmte Reize deutlich leichter mit einer Angstreaktion. Beim Menschen wären es zum Beispiel Spinnen, Schlangen oder tieffliegende Vögel, bei der Ratte plötzliches, helles Licht und beim Pferd eben unter anderem jagende Raubtiere (dazu zählen durchaus auch mal Hunde), schnelle ruckartige Bewegungen, Enge und Fixiertwerden, aber auch die vielen unnatürlichen Anforderungen, die wir heute oftmals ganz selbstverständlich an unsere Pferde stellen.

Der pferdische Chemiebaukasten – die Botenstoffe der Angst

Wenn die Alarmanlage im Pferdegehirn anspringt, gibt es erst mal kein Halten mehr. Wir haben bereits erfahren: Ist Gefahr im Verzug, kommt das Denken an letzter Stelle. Deshalb gibt es im Pferdekörper auch so etwas wie eine Angst- oder Stressreaktion. Das ist sozusagen die Notfallreaktion des Pferdekörpers, bei der das Gehirn den Körper aktiviert, mit dem Ziel, kurzfristig Höchstleistungen zu erbringen und die Sinne zu schärfen. So schafften es schon die Urahnen der Pferde, sich möglichst schnell aus dem Staub zu machen, denn den Mutigen gehört in diesem Falle nicht die Welt; die Mutigen gehören dem Säbelzahntiger, den Wölfen oder einem anderen Raubtier. Auch Konrad Lorenz war seinerzeit schon davon überzeugt, dass seit »Äonen der Naturgeschichte immer diejenigen die besten Überlebenschancen hatten, die sich am meisten fürchteten«.

Aber schauen wir uns doch einmal an, wie diese Angstreaktion des Pferdekörpers genau aussieht und was dabei so alles passiert.

Für uns Menschen sind die körperlichen Anzeichen, wie erweiterte Pupillen mit sehr viel Augenweiß, deutlich zu erkennen. Auch

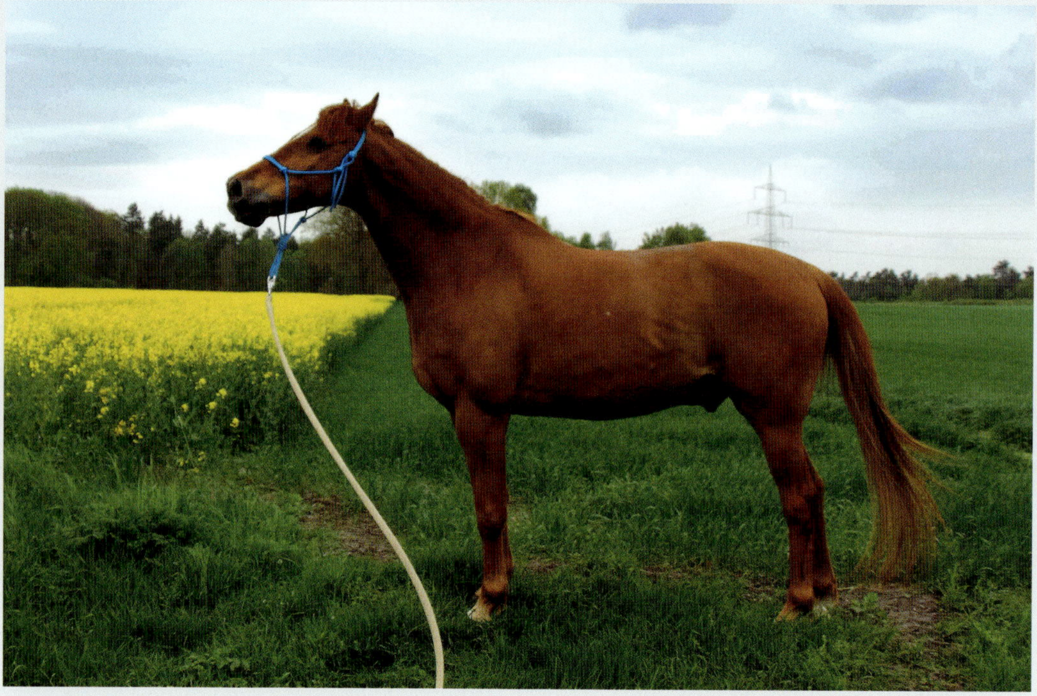

Drachenartiges Prusten oder schrilles Wiehern sind nicht nur zu hören, sondern auch zu sehen.

der Puls verändert sich, denn das Herz schlägt schneller und kräftiger. Möchte man das schnell und im Anfangsstadium erkennen, benötigt man einen Pulsmesser. Die Atemfrequenz erhöht sich, wobei die Nüstern weit geöffnet sind, zusätzlich kann das Pferd schnauben. Kein niedliches Schnauben oder Blubbern, sondern richtig kräftiges, prustendes Ausstoßen der Atemluft. Ebenfalls findet man einen erhöhten Muskeltonus, um eine schnelle Flucht einzuleiten. Wo dies nicht möglich ist, aber auch wenn Pferde dies als sinnvolle Bewältigungsstrategie erlebt haben, muss mit einem Angriff gerechnet werden.

Diese körperlichen Auswirkungen der Stressreaktion stehen am Ende eines recht komplizierten Zusammenspiels von verschiedenen Systemen, die untereinander über Botenstoffe kommunizieren. Nimmt das Pferd eine bedrohliche Situation wahr (wie die Hunde in unserem Beispiel), so setzt der Mandelkern die »erste« Stressreaktion in Gang. Dieses System nennt man das Sympathikus-Nebennierenmark-System. Auch hier kommt es zur Ausschüttung von Botenstoffen. In diesem Fall zur Bereitstellung der Nervenbotenstoffe Adrenalin und Noradrenalin, die vor allem den Blutdruck und die Herzfrequenz steigern. Adrenalin bereitet die Lunge auf Höchstleistungen vor, indem es die Atemwege erweitert. Diese erste Stressreaktion wirkt relativ kurzfristig und ist deutlich schneller als die »zweite« Stressreaktion.

In Fachbüchern findet man die zweite Stressreaktion häufig als »die« Stressreaktion, denn sie setzt dann ein, wenn es zu Dauerstress kommt. Sie benötigt etwas mehr Zeit als die erste Stressreaktion und sie benötigt, genau wie

Wenn Pferde unter Dauerstress leiden, zeigen sie oft deutliche körperliche Veränderungen.

diese, Botenstoffe, die ihr helfen, sich bemerkbar zu machen. Man nennt dieses System das Hypophysen-Nebennierenrinden-System und es setzt erst ein, wenn eine Belastung länger anhält, weil das Pferd zum Beispiel eine Aufgabe nicht lösen kann und auch keinen geeigneten Anhaltspunkt zur Lösung findet.

Das Schaltzentrum dieses Systems befindet sich im Hypothalamus. Er schüttet, auf Anweisung der Amygdala, einen ganz speziellen Botenstoff aus, nämlich das Corticotropin-Releasing-Hormon kurz CRH. Dieser Botenstoff fungiert als Initialzündung der Stressreaktion und gelangt ohne Umwege über eine direkte Verbindung vom Hypothalamus zur Hypophyse. Die Hypophyse ist eine »Hormondrüse« und tut dementsprechend, was ihr Name schon vermuten lässt – sie produziert ein Hormon. In diesem Fall, weil der Botschafter das Corticotropin-Releasing-Hormon war, schickt sie ein Steuerungshormon los, das Adenocorticotrope Hormon (ACTH). Dieses Hormon nimmt den Weg über die Blutbahn zur Nebennierenrinde, um seine Botschaft zu überbringen. Ist sie angekommen, setzt die Nebennierenrinde Cortisol frei.

Cortisol wirkt zwar auf den gesamten Körper, es sucht sich im pferdischen Organismus aber den Weg zurück zum Gehirn. Hier hat es neben der Erhöhung der Erregbarkeit noch eine weitere wichtige Aufgabe. Es schaltet sich sozusagen selbst aus, indem es auf die Freisetzung der beiden Hormone, die am Anfang dieser Stressreaktion stehen, hemmend wirkt. Was für ein schlauer Schachzug, wird so doch verhindert, dass zu viel CRH und ACTH produziert wird, welche die Nebennieren zu immer neuer Cortisolproduktion animieren würden.

Cortisol

Cortisol gehört zu den Hormonen. Hormone sind Botenstoffe, die im Pferdekörper bestimmte Prozesse an- oder ausschalten, zum Beispiel Sexualfunktionen. Sie werden in Hormondrüsen produziert und gelangen über das Blut zum jeweiligen Zielort. Cortisol gehört außerdem zu den Glucocorticoiden. Das sind Stoffe, die im Pferdekörper dafür sorgen, dass Energie in Form von Zucker zur Verfügung gestellt wird. So mobilisiert es den Stoffwechsel, damit das Pferd Höchstleistungen vollbringen kann.

Cortisol ist verschreibungspflichtig: Tatsächlich wirkt es entzündungshemmend und unterdrückt das Immunsystem (bei Allergien), was wir Menschen bei Arzneimitteln nutzen. Aber: in hohen Dosen und auch wenn die Stressreaktion außer Kontrolle geraten ist, schwächt es die Immunabwehr. Dies ist einer der Gründe, warum Stress und Angst krankmachen.

Schafft es das Pferd, die Gefahrensituation zu beenden bzw. sich aus einer unangenehmen Situation zu befreien, zum Beispiel, indem es zwischen sich und den Auslöser einen geeigneten Sicherheitsabstand bringt, wie in unserem Beispiel mit den Hunden, verschwinden die Stresssymptome und der Pferdekörper kommt langsam wieder in den »Normalzustand«.

Was aber, wenn der angst- oder stressauslösende Reiz nicht verschwindet? Wenn es das Pferd eben nicht schafft, sich aus einer belastenden Situation selbst zu befreien? Denken Sie an einen Offenstall mit unpassender Herdenzusammenstellung oder an aggressives und einschüchterndes Stallpersonal oder auch an ungeeignete Trainingsmethoden, denn von sich aus würden Pferde nicht ständig über die eigene Belastungsgrenze hinausgehen. Während eine gewisse Stress- bzw. Angstbelastung normal und durchaus sinnvoll für Körper und Geist ist (siehe Infokasten »Angst und Stress«), hat eine Dauerbelastung meist unschöne Folgen.

Wenn Pferde mit den auf sie einstürmenden Reizen und Möglichkeiten überfordert sind – wie das bei der Deprivation häufig der Fall ist –, kann es zu Übersprunghandlungen kommen.

Gönnen Sie Ihrem Pferd ausreichend Pausen in vertrauter und sicherer Umgebung.

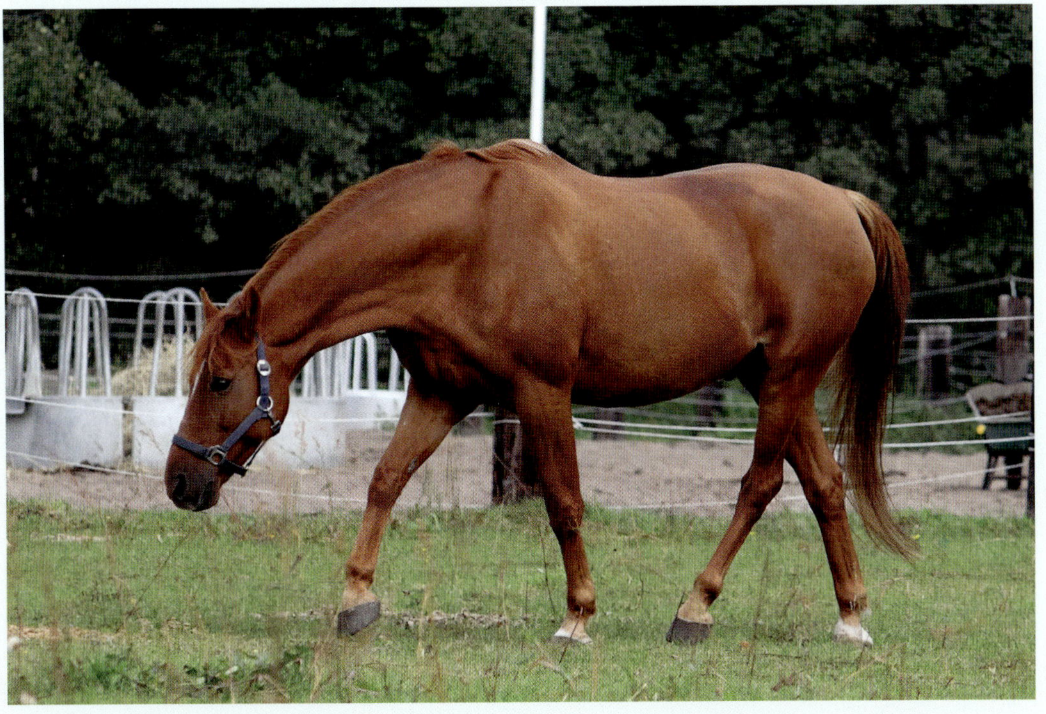

Um nach einer Belastungssituation wieder ins Gleichgewicht zu kommen, benötigt der Körper ausreichend Zeit – andernfalls kommt es zur Erschöpfung.

Dann hilft nämlich auch der schlaue Schachzug nicht mehr, die Rückkopplung der Hormone bricht zusammen und es kommt zu einer dauerhaften Schädigung des Nervensystems.

Krank vor Angst

Kurz zur Erinnerung: Das Pferd reagiert auf einen ihm unbekannten Reiz mit einer Stressreaktion. Je nach Art und Intensität, aber auch nach dem jeweiligen Empfinden des Tiers, wird aus »Stress« Unsicherheit, Furcht oder Angst. Das sind völlig normale und wichtige Gefühle, die dem Pferd helfen, sich in seiner Umwelt zurechtzufinden. Am Ende dieser Stressreaktion steht eine Veränderung des Verhaltens, zum Beispiel Flucht oder Angriff. Bis hierhin ist noch alles völlig normal. Problematisch wird es erst, wenn die komplizierten physiologischen Systeme durcheinanderkommen, etwa weil die Erholungsphase zwischen einer erneuten Aktivierung zu kurz ist oder das Pferd schlichtweg nicht mehr genügend Energie hat. Auch auf eine Dauerbelastung sind sie nicht ausgelegt, weder beim Menschen noch beim Pferd. Ob ein Pferd allerdings eine krankhafte Angst entwickelt, hängt oft von vielen Faktoren ab und muss individuell und mit Sachverstand geprüft werden.

Verharmlosen sollte man Anzeichen einer zu hohen oder dauerhaften Belastung dennoch nicht, da die damit einhergehenden Einschränkungen für das Pferd oft erheblich sind. Ist die Angst erst aus dem Ruder gelaufen, beginnt ein Teufelskreis. Für solche Tiere bedeutet das ein Leben unter Dauerbelastung, da sie unter

Positiver und negativer Stress

Angst ist Stress. Die neurobiologischen Systeme sind weitestgehend die gleichen und sie lösen auch ähnliche körperliche Reaktionen aus. Als Vater der Stressforschung wird Hans Selye bezeichnet, auf den auch die Begriffe »Eustress = gesundheitsfördernder Stress« und »Dystress = krankmachender Stress« zurückgehen.

Obwohl Stress für uns meist einen negativen Nachklang hat und das Wort im Allgemeinen für eher unangenehme Erfahrungen verwendet wird, würde ein Leben ohne Stress nicht funktionieren. Es würde bedeuten, in einer völlig reizfreien Umgebung zu leben. Ohne Anreize von außen kann aber kein Pferd normal aufwachsen und sein volles geistiges und körperliches Potential entwickeln. Ein geringes Maß an Stress aktiviert Systeme im Gehirn, die die Zahl von Gliazellen erhöhen, was zu gesteigerter neuronaler Plastizität führt (Gerald Hüther, Biologie der Angst). So wirkt Stress auch leistungsfördernd und positiv auf die Lernleistung.

Stress, vor allem, wenn aus anfänglicher Unsicherheit Furcht oder Angst wird, kann aber auch genau das Gegenteil bewirken. Durch die übermäßige Cortisol-Ausschüttung kommt es zu Störungen im Hippocampus. Dann kann Ihr Pferd auch auf Gelerntes nur noch schwer bzw. gar nicht zurückgreifen. Die Gedächtnisleistung ist nachhaltig gestört und Lernen wird unter diesen Umständen unmöglich.

Um Lernen zu ermöglichen, sollten Sie auf ein angenehmes Arbeitsklima achten.

einer andauernden erhöhten Erregungslage leiden, was auch zu immer stärkeren Stressreaktionen führt. Die Pferde werden immer ängstlicher und gestresster, da ihre Amygdala überaktiv ist, und können kaum mehr entspannen, selbst wenn sie wollten.

Physiologische Veränderungen

Ein Leben unter Dauerstress oder mit einer Angststörung führt zwangsläufig auch zu Veränderungen im Pferdekörper. Sie haben bereits erfahren, dass es bei Dauerbelastung zu einer vermehrten Cortisol-Ausschüttung kommt, welches seine schädliche Wirkung im gesamten Pferdekörper entfaltet. Wie bei Vielem gilt auch hier: Die Dosis macht das Gift. Oft findet man bei diesen Pferden einen dauerhaft erhöhten Muskeltonus, die Besitzer sagen dann, dass das Tier »bretthart« sei. Beim Abstreichen des Pferdekörpers kann man das meist tatsächlich sehr gut nachvollziehen.

Die körperlichen Auswirkungen können sehr vielfältig und teilweise auch widersprüchlich sein, so entwickelt das eine Pferd eine Stoffwechselstörung und neigt zum Verfetten,

Versuchen Sie, so oft wie möglich, im gemeinsamen Alltag für Entspannung zu sorgen.

während das andere Pferd abmagert. Oft werden Symptome primär nicht mit einer Angstbelastung in Verbindung gebracht. So bedeutet ein dauerhaft erhöhter Cortisolwert beim Pferd meist früher oder später auch eine Stoffwechselentgleisung, wie zum Beispiel beim Cushing-Syndrom oder auch bei EMS.

Manche Pferde neigen eher zu Magen- oder Schleimhautgeschwüren, welche häufig auf Belastungen durch Fremdbestimmung und das Gefühl der Hilflosigkeit (dazu mehr im Kapitel »Grenzen der Anpassung – von Coping und erlernter Hilflosigkeit«) zurückzuführen sind. Aber auch Kolik, Kotwasser, Durchfall und andere Darmprobleme können zum Teil auf Angststörungen zurückgeführt werden.

Sicher ist auch, dass unter der Dauerbelastung das pferdische Immunsystem erheblich leidet, da unter anderem Cortisol (siehe Infokasten) das Immunsystem unterdrückt, was eine höhere Infektanfälligkeit zur Folge hat. Vielleicht kennen Sie dieses Symptom sogar von sich selbst? In Zeiten erhöhter Belastung fangen sich viele Menschen eher eine Grippe ein als sonst.

Die Liste der physiologischen Auswirkungen ist lang, und während es für viele körperliche Beschwerden Abhilfe gibt, finden wir auch Veränderungen, die nicht so offensichtlich sind. Es finden sich nämlich auch deutliche Veränderungen im Gehirn.

Cushing belastet den Organismus auf vielfältige Weise.

Genießen Sie die gemeinsame Zeit mit Ihrem Pferd.

Der Neurowissenschaftler Bruce McEwan konnte nachweisen, dass bei einer Dauerbelastung, wie zum Beispiel einer Angststörung, durch eine Abnahme der Pyramidenzellen der Hippocampus schrumpft. Was sich erst einmal nicht sonderlich spektakulär anhört, ist für das betroffene Tier ein Drama. Denn wenn der Hippocampus an Substanz verliert, verliert auch das Pferd einen Teil seiner Gehirnkapazitäten. Das bedeutet, dass diese Pferde immer weniger leistungsfähig sind, weil ihre Gedächtnis- und Lernleistung nachhaltig gestört ist.

Angst im Alltag

In den letzten Kapiteln haben Sie erfahren, wie Angst entsteht, wie Sie sie erkennen und von Stress unterscheiden können. In diesem Kapitel betrachten wir nun noch einmal genauer, welche Auswirkungen Angst und Stress auf den Alltag von Pferd und Mensch haben.

Wenn das Pferd dem Menschen Angst macht

Im natürlichen Verhaltensrepertoire unserer Pferde kommen viele Verhaltensweisen vor, die für uns Menschen angsteinflößend sind. Steigen, Buckeln oder auch einfacher Übermut können im falschen Kontext zu unschönen Situationen führen und sogar gefährlich werden. Doch diese Verhaltensweisen kommen gar nicht so oft vor, wie es manchmal den Anschein hat. In der Regel reicht es meist schon aus, dass das Pferd in seinem natürlichen Tempo unterwegs ist, für das wir als Menschen oft schlichtweg zu langsam sind. Ein großer Anteil der Pferdeausbildung dreht sich daher in jedem Ausbildungssystem darum, das Verhalten der Pferde für den Menschen vorhersehbar und kontrollierbar zu machen. Die Unterdrückung von unerwünschten Verhaltensweisen mittels Strafe und Zwang gehört dabei leider häufig noch immer zur Tagesordnung.

Wieso ist das an dieser Stelle und für das Thema »Angst und Stress« so wichtig? Nicht immer können wir aus dem Verhalten des Pferdes zuverlässig darauf schließen, welche Gefühle es gerade erlebt. Während das eine Pferd bei starker Angst noch äußerlich ruhig wirkt, kann ein anderes Pferd, das sich gerade nur kurz erschreckt hat, durch seine großen und schnellen Bewegungen imposant und furchteinflößend wirken.

Emotionale und körperliche Balance gehen oft miteinander einher, wie im Fall dieses jungen Wallachs und seiner Besitzerin.

Stellen Sie sich an dieser Stelle ein junges Pferd vor, das noch nicht gelernt hat, sein Tempo ausbalanciert zu verlangsamen. Beim Führen beginnt dieses junge Pferd nun, neugierig die Welt zu erkunden – und zwar in dem Tempo, in dem seine langen staksigen Beine es tragen. Das schnelle Tempo verunsichert die Pferdebesitzerin und sie versucht, das Pferd über Zug am Strick zu bremsen. Was passiert nun? Da das Jungpferd noch nicht besonders gut ausbalanciert ist und der Zug am Strick zusätzlich wie ein Anker wirkt, wird es wahrscheinlich über die innere Schulter in Richtung der Pferdebesitzerin drängen und ihr so den Weg abschneiden. Aufgrund des Balanceverlustes wird es dabei eventuell sogar noch schneller und ist nicht mehr in der Lage, zu bremsen. Für die Pferdebesitzerin fühlt sich diese Situation unkontrolliert und beängstigend an und sie reagiert mit eigener Anspannung oder Abwehrverhalten, um das Pferd wieder auf Abstand zu schicken. Schnell kann sich solch eine Situation so hochschaukeln, dass die Pferdebesitzerin Angst davor bekommt, ihr Pferd zu führen.

Auch das junge Pferd wird in ähnlichen Situationen in Zukunft vielleicht unsicherer reagieren, da es aus dem Verhalten seiner Besitzerin in diesem ersten Moment der Unsicherheit wichtige Rückschlüsse auf die Situation und Umgebung zieht – in diesem Fall zum Beispiel, dass eine bestimmte Umgebung nicht sicher ist. Kommen Pferd und Mensch wiederholt in solche Situationen, ist es häufig eine intuitive Reaktion, den Umgang mit dem Pferd immer weiter einzuschränken, um ihm Stress zu ersparen und niemanden zu gefährden. Dies ist im ersten Moment wichtig und richtig, denn Sicherheit geht schließlich vor. Allerdings kann es auch zu einer Negativ-Spirale führen, durch die der Umgang irgendwann soweit eingeschränkt wurde, dass dem jungen Pferd die Möglichkeit fehlt, durch angepasste Ausbildung und Gewöhnung balancierter und auch entspannter zu werden. Dies wiederum kann dazu führen, dass das Pferd im Umgang mit seiner Besitzerin immer unsicherer wird.

Neben einem bis in die letzte Muskelfaser angespannten Pferd selbst entspannt zu bleiben, ist oft schwierig.

Ursprünglich resultierte das angsteinflößende Verhalten des Pferdes gar nicht aus einer Angstsituation oder beängstigenden Erfahrung, aber durch die Negativ-Spirale wird der Alltag beider Seiten immer weiter eingeschränkt und es können sich tatsächlich Ängste entwickeln. Kennen Sie solche Situationen aus dem Umgang mit Ihrem Pferd? Vielleicht ist es das hektische Herumschwenken der Hinterhand am Putzplatz, wenn dem Pferd die Balance fehlt, einen kontrollierten Schritt zur Seite zu machen oder das Steigen, mit dem sich das Pferd aus einer Dysbalance rettet, weil es zum Beispiel noch nicht gelernt hat, rückwärts aus einem Engpass zu gehen. Oder vielleicht ist es, wie im Beispiel, einfach das eilige Laufen, wenn Pferd und Mensch die

Balance und Trainingserfahrung fehlen, sich aneinander anzupassen. Der oft gut gemeinte Ratschlag »einfach keine Angst zu haben«, ist in diesen Fällen nur selten hilfreich, denn weder Pferd noch Mensch entscheiden sich bewusst dafür, Angst zu empfinden.

Eine Frage der Balance – Angst beim Reiten

Besonders beim Reiten spielt das Thema Angst durch Balanceverlust eine große Rolle. Hier treffen nun zwei Individuen aufeinander, die sich gegenseitig durch die Hebelwirkung noch stärker in ihrer Balance beeinflussen. Das Gefühl des Balanceverlustes versetzt den Körper in einen reaktiven Modus, der allein dem Bestreben dient, die Balance schnellstmöglich wiederherzustellen. Dies dient zur Vermeidung von Stürzen und Unfällen und ist daher ein wichtiger Reflex des Körpers. Wie Sie in den vergangenen Kapiteln bereits erfahren haben, führen Angst und Stress zu verschiedenen ganz automatisch ablaufenden Prozessen im Körper. Das gilt im Moment des Balanceverlustes sowohl für das Pferd, das durch den Reiter aus der Balance gebracht wird, als auch für den Reiter, der durch das Pferd aus der Balance gebracht wird – ein Teufelskreis.

Stellen Sie sich die folgende Situation vor. Auf einem Ausritt entdeckt das Pferd in der Ferne einen angsteinflößenden Reiz. Im Bruchteil einer Sekunde erhöht sich die Körperspannung, der Kopf geht in die Höhe, der Rücken wird weggedrückt, der Hals wird hart und das Pferd bleibt stocksteif stehen oder beginnt, davonzueilen. Der Mensch wird ruckartig aus der Balance gebracht, die Hände verlieren den Kontakt zum Pferdemaul oder -kopf, der Sitz verändert sich, die bisherige Kommunikation mit dem Pferd ist unterbrochen. Eine geübte Reiterin kann nun weiterhin ausbalanciert sitzen

Balanceverlust fühlt sich weder für das Pferd noch für den Reiter sicher und angenehm an.

Lachen hilft dabei, die Anspannung zu lösen.

und weich mit ihren Hilfen bleiben, während ein weniger geübter Reiter spätestens bei einem Satz des Pferdes zur Seite aus dem aktiven Reit-Modus in den reaktiven Balance-Rettungs-Modus gerät. Dies beeinflusst wiederum die Atmung, die Körperspannung und damit auch automatisch das Pferd in seiner Balance.

Sie können sich nun sicher vorstellen, dass es nicht immer einen besonders furchteinflößenden Angstauslöser oder starke Schmerzen des Pferdes braucht, um dem Pferd oder dem Menschen Angst beim Reiten zu machen. Dabei ist auch hier die Schwelle für jedes Pferd und jeden Reiter anders. Während der eine Reiter ruhig bleiben kann, solange das Pferd alle Hufe am Boden hat, kann eine andere Reiterin viel besser damit umgehen, das Pferd in Bewegung wieder zu beruhigen. Das eine Pferd muss sich einen Angstauslöser ausgiebig und in Ruhe aus allen möglichen Winkeln ansehen, während ein anderes zunächst einmal eine maximal große Distanz zwischen sich und den furchteinflößenden Reiz bringen möchte.

Die gute Nachricht ist, dass Sie sich und Ihr Pferd auf solche Situationen bereits im sicheren Stall gut vorbereiten können. Beobachten Sie, wie Ihr Pferd auf ungewohnte Situationen reagiert und zu welchem Stresstyp es gehört. Wie lange braucht es, um sich einen neuen Gegenstand aus sicherer Distanz anzusehen? Geht es vielleicht direkt darauf zu, um dann erstmal im Höchsttempo wieder auf Entfernung zu gehen? Beruhigt es sich schneller, wenn Sie am Boden neben ihm stehen oder wenn andere Pferde dabei sind? Die Reaktionen Ihres Pferdes zu kennen, kann Ihnen dabei helfen, sich auch beim Reiten in einem Schreckmoment auf die nächste Handlung des Pferdes vorzubereiten und die eigene Balance anzupassen und damit den Teufelskreis zu durchbrechen.

Zwischen Anspannung und Entspannung liegen manchmal nur Sekundenbruchteile.

Inzwischen gibt es auch viele gute Angebote für Menschen, die sich explizit mit dem Thema Angst beim Reiten beschäftigen, von Mental-Coaching bis hin zum Falltraining. Ob es für Sie und Ihr Pferd besser ist, wenn Sie absteigen oder auf dem Pferd bleiben, ist eine sehr individuelle Frage und kann nicht pauschal beantwortet werden. Spezielle Atemübungen und -techniken können Ihnen helfen, sich selbst und Ihr Pferd wieder zu entspannen, da sie Auswirkungen auf die Körperspannung und andere Prozesse im Körper haben. Oft reicht es schon, sich mit einer anderen Person zu unterhalten, da beim Sprechen die Luft nicht mehr angehalten werden kann. Oder kennen Sie noch den alten Tipp, Ihrem Pferd etwas vorzusingen?

Andere kritische Momente können entstehen, wenn Pferd und Mensch durch zu hohe Anforderungen in eine Situation gebracht werden, in der sie nicht mehr aktiv und überlegt handeln können, sondern in den reaktiven Modus geraten. Dies kann zum Beispiel in Unterrichtssituationen geschehen, wenn die Übungen nicht auf den aktuellen Stand von Pferd und Reiter angepasst sind. Externe Faktoren wie Zuschauer, Wetter, neue Trainingsorte und -routinen oder Ablenkungen kommen erschwerend hinzu und auch gesundheitliche Beeinträchtigungen durch akute oder chronische Schmerzen und Verletzungen können Auswirkungen auf alle Beteiligten haben. Hören Sie auf Ihr Bauchgefühl. Spätestens, wenn Sie selbst sich unwohl fühlen – und natürlich auch, sobald Sie Anzeichen für Unwohlsein bei Ihrem Pferd bemerken – ist es an der Zeit, die Situation zu hinterfragen und zu überlegen, welche Änderungen möglich sind.

Manchmal ist zu lesen, dass Pferde allgemein Angst vor dem »Raubtier Mensch« auf ihrem Rücken haben und daher ängstlich bis panisch reagieren. Unserer Erfahrung nach hat dies weniger mit dieser sehr verallgemeinerten Begründung zu tun, sondern in den meisten Fällen mit unzureichender Vorbereitung des Pferdes, zu großen Trainingsschritten oder unerkannten Schmerzen durch unpassende Ausrüstung oder körperliche Beeinträchtigungen.

Angst ist persönlich – aber nicht persönlich gemeint

Sehr oft beziehen wir das Verhalten unseres Gegenübers – und dabei ist es egal, ob dies unser Partner, eine gute Freundin, der Hund, das Pferd oder sogar eine zufällige Bekanntschaft ist – direkt auf uns. In Zeiten von Nachrichten- und Social-Media-Apps, die uns kontinuierlich darüber informieren, wie schnell ein Gesprächspartner eine Nachricht liest und wie lange er für seine Antwort braucht, fällt es immer schwerer sich vorzustellen, dass auch noch andere Dinge im Leben des Gegenübers eine Rolle spielen, die mit uns schlicht und ergreifend wenig zu tun haben. Und genauso verhält es sich auch im Alltag mit unseren Pferden.

Zwischen entspannten Momenten wie diesem und anderen in diesem Buch gezeigten Szenen, liegen oft nur wenige Minuten.

Stellen Sie sich einmal das folgende Szenario vor. Sie hatten einen stressigen Tag im Büro, sind auf dem Heimweg in einen Stau geraten und wurden am Stall direkt von Ihrer Stallbetreiberin auf die anstehende Erhöhung der Stallmiete angesprochen. Eigentlich ist die Zeit auch schon recht knapp und als Sie dann endlich am hintersten Ende der Weide bei Ihrem Pferd ankommen, dreht dieses sich um und geht. Solche Tage kennt wahrscheinlich jeder von uns und damit zusammenhängend das Gefühl »Warum passiert das immer mir?«

Vielleicht trainieren Sie schon eine Weile an einer Übung, zum Beispiel beim Longieren. Die ersten Einheiten waren wirklich anstrengend und frustrierend, da Ihr Pferd immer wieder stehen geblieben ist, die Richtung gewechselt oder in die Mitte gedrängt hat. Seit einer Weile läuft es aber ziemlich gut, es gibt deutliche Fortschritte zwischen den Einheiten und das Training beginnt, richtig Spaß zu machen. Und dann kommt diese eine Einheit, in der auf einmal alles wieder ist, wie ganz zu Beginn. Gedanken wie »Heute sucht mein Pferd aber förmlich nach Gründen, um sich festzustarren« oder »Jetzt stell dich nicht so an, es ist doch alles wie immer« sind in solchen Momenten wahrscheinlich niemandem von uns unbekannt.

Vielleicht lesen Sie auch viele Bücher über sinnvolles Training und besuchen regelmäßig Kurse bei guten Ausbilderinnen, um sich weiter zu bilden. Ihrem Pferd fehlt es in der Haltung und beim Futter an nichts und Sie hinterfragen fast täglich, ob Sie für Ihr Pferd noch etwas verbessern können. Dennoch zeigt Ihr Pferd trotz all Ihrer Mühe Anzeichen für Stress während des Trainings, wie zum Beispiel Festfrieren, Schnappen oder Buckeln. Nicht nur einmal fragen Sie sich, was Sie falsch machen und ob es dem Pferd nicht bei jemand anderem bessergehen würde, der mehr Ahnung hat. Ungebetene Ratschläge von allen möglichen Seiten gibt es oft noch ungefragt dazu, was die Situation selten verbessert.

Die in solchen Situationen entstehenden Gefühle sind Ich-bezogen und es ist dabei leicht zu übersehen, dass es eben auch noch einen zweiten Partner in dieser Beziehung gibt, mit seinem ganz eigenen Erleben – nämlich Ihr Pferd. Daher ist es weder hilfreich, die Schuld am Verhalten des Pferdes pauschal beim Menschen zu suchen, noch alle Schuld immer nur auf das Pferd zu schieben. Die Umwelt und alle sich in ihr bewegenden Individuen beeinflussen sich gegenseitig. Als Pferdebesitzer sind wir auf die Einschätzung von Fachleuten wie Tierärztinnen, Hufbearbeitern, Sattlern, Osteopathinnen oder Trainern angewiesen, die ebenfalls menschlich sind und sich irren können. An Verhalten ist niemand »Schuld«, aber es gibt viele Faktoren, die es beeinflussen. Mehr darüber erfahren Sie im zweiten Teil dieses Buches.

Ob Ihr Pferd Angst erlebt oder gestresst ist, ist etwas, dass ausschließlich im Körper Ihres Pferdes vorgeht. Daher ist dieses Gefühl immer subjektiv und unterscheidet sich von Pferd zu Pferd genauso stark wie zwischen unterschiedlichen Menschen. Als Mensch können Sie zwar mit einer gewissen Wahrscheinlichkeit durch Verkettung ungünstiger Umstände zum Auslöser dieser Gefühle Ihres Pferdes werden – es wird sie aber niemals

Diesem Pony steht die Anspannung wortwörtlich ins Gesicht geschrieben.

extra herbeiführen oder »fühlen«, nur um einen Grund für bestimmtes Verhalten Ihnen gegenüber zu haben. Auf der anderen Seite kann bereits Ihre Anwesenheit auf Ihr Pferd beruhigend wirken, nämlich immer dann, wenn Sie viele gemeinsame angenehme Momente auf Ihrem Beziehungskonto gesammelt haben.

Es gibt unterschiedliche Ansätze und Modelle um Bedürfnisse hierarchisch zu betrachten und einzuordnen, wie zum Beispiel die Bedürfnispyramide nach Maslow. Dabei geht es vereinfacht gesagt darum, dass bestimmte Bedürfnisse innerhalb eines Lebewesens eine höhere Priorität haben können, als andere. Wenn das Pferd zum Beispiel gerade vor einem Raubtier flüchtet, gerät das Bedürfnis nach Nahrungsaufnahme in den Hintergrund. Es lohnt sich immer, zu hinterfragen, welches Bedürfnis das Pferd gerade mit seiner Handlung befriedigt. Vielleicht können Sie ihm schon durch einfache Maßnahmen, wie zum Beispiel mit einer Fliegendecke während der Hufbearbeitung, dabei helfen, sich besser konzentrieren zu können.

Wenn Ihr Pferd sich in einer beängstigenden Situation losreißt oder während der Hufbearbeitung den Huf wegzieht, da es vielleicht gerade einen anderen Huf nicht voll belasten kann, dann tut es dies nicht mit dem Ziel, Ihnen auf der Nase herum zu tanzen. Egal ob Ihr Pferd die Ohren anlegt, droht, schnappt, tritt oder gar steigt – all diese Verhaltensweisen sind Zeichen für die Unfähigkeit Ihres Pferdes, diese Situation auf eine andere Weise zu lösen. Je mehr Handlungsalternativen Ihr Pferd hat, desto unwahrscheinlicher wird dieses energieaufwändige Verhalten. Viele dieser Verhaltensweisen dienen vorrangig dem Herstellen von Distanz zu einem beängstigenden oder schmerzhaften Auslöser. Unabhängig davon, ob der Auslöser in diesem Moment für uns offensichtlich und nachvollziehbar ist oder nicht, existiert für das Pferd eine ganz reale körperliche oder psychische Bedrohung. Das Verhalten des Pferdes durch Strafe zu unterdrücken, kann das vermeintliche Problem zwar für eine Weile scheinbar beseitigen – für eine dauerhafte Verbesserung der Situation sorgt aber nur eine genaue Analyse der Auslösereize und der in dem Moment relevanten Bedürfnisse.

Distanzvergrößerung ist eine effektive Stressbewältigungsstrategie unserer Pferde.

Werten Sie diese Verhaltensweisen Ihres Pferdes nicht als persönlichen Angriff, sondern versuchen Sie, Verständnis für Ihr Pferd zu haben und seine Notlage ernst zu nehmen. Das bedeutet selbstverständlich nicht, dass Sie sich selbst in Gefahr bringen sollen. Viele Situationen lassen sich durch rechtzeitige Deeskalation entschärfen, bevor es überhaupt so weit kommen muss. Und nehmen Sie auch Ihre eigenen Gefühle ernst. Wenn das Verhalten Ihres Pferdes Ihnen Angst einflößt, bedeutet das, dass Ihnen beiden noch ein wichtiger Trainingsschritt fehlt, um solche Situationen in Zukunft anders zu lösen.

Wenn Sie Ihrem Pferd kleinschrittig erklären, was Sie sich von ihm wünschen und dabei immer im Auge behalten, was es mental und körperlich leisten kann, können Sie gemeinsam viel Spaß am Training haben. Auch komplexe Aufgabenstellungen sind mit der richtigen Vorbereitung kein Problem. Besonders im Umgang mit sehr ängstlichen oder gestressten Pferden kann dies eine schmale Gratwanderung bleiben, doch es lohnt sich. Nach außen hin kann es so wirken, als ob diese Pferde viel weniger und langsamer lernen, als andere Pferde in Ihrem Umfeld. In Wirklichkeit vollbringen diese Pferde regelmäßig Höchstleistungen dabei, sich trotz aller Ängste und Beeinträchtigungen dennoch auf das Training einzulassen.

Manchen Pferden hilft es, sich wortwörtlich zwischen sie und die Gefahr zu stellen. Nach einem Moment des Erschreckens kann die Stute Futter aus der Hand nehmen und kommt vom reaktiven Fluchtmodus zurück in den aktiven Denkmodus.

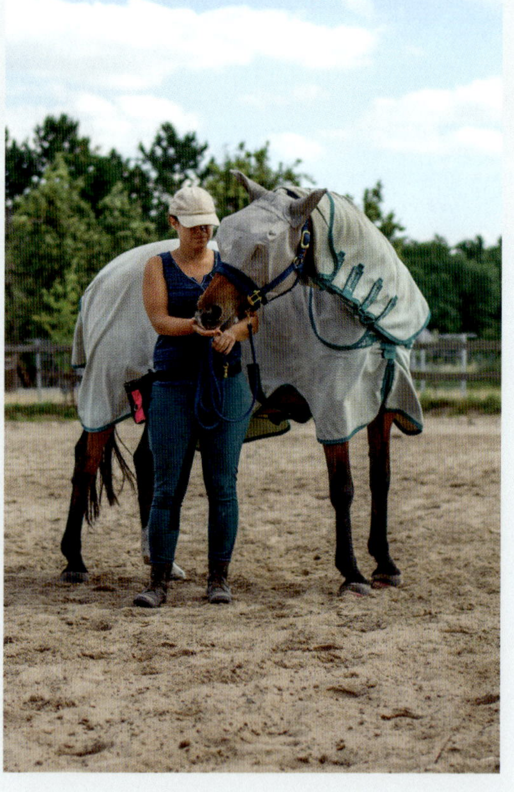

Bedürfnis-Checkliste

Erstellen Sie eine Liste, auf der Sie Ihre Bedürfnisse für die gemeinsame Zeit mit Ihrem Pferd notieren. Und welche Bedürfnisse hat Ihr Pferd? Besonders, wenn es scheinbar immer wieder schiefläuft oder eskaliert, kann solch eine Liste Ihnen dabei helfen, Lösungen zu finden. Bekommt Ihr Pferd zum Beispiel nur rationiertes Heu und Sie kommen immer kurz vor der Fütterungszeit in den Stall? Ist Ihr Pferd dann unleidlich, schnappig, rempelig oder eventuell auch sehr schlapp und lethargisch? In diesem Fall könnten Sie zum Beispiel Ihre Stallzeit verlegen oder das Pferd am Putzplatz eine halbe Stunde lang aus einem Heunetz fressen lassen. Oft reichen bereits solche kleinen Management-Maßnahmen, um die gemeinsame Zeit wesentlich zu verbessern. Falls eine schnelle Abhilfe nicht möglich ist, hilft Ihnen die Bedürfnis-Checkliste dabei, zu akzeptieren, dass es in dieser konkreten Situation vielleicht einfach nicht anders geht – und das Pferd nicht so handelt, weil es Sie nicht mag oder Ihnen etwas Böses will.

Stress mich nicht!

Während der Fokus in den letzten Kapiteln hauptsächlich bei den Ursachen und Auswirkungen von Angst im Alltag lag, geht es in diesem Abschnitt noch einmal etwas genauer um das Thema Stress. Nicht nur Umweltfaktoren wie die Haltungsbedingungen des Pferdes oder Witterungsbedingungen können das Pferd in einen permanenten Stresszustand versetzen. Auch die Trainingsentscheidungen, die wir für unsere Pferde treffen, haben bedeutende Auswirkungen auf das Erleben der Pferde.

Dies beginnt bereits bei der Wahl der Trainingsmethoden und ihrer Umsetzung. Forschungsergebnisse lassen vermuten, dass vorhersehbare Situationen weniger Stress auslösen als unvorhersehbare Situationen, unabhängig davon, ob angenehme oder unangenehme Reize im Spiel sind. Ein gewisser Grad an Unvorhersehbarkeit macht das Leben interessant, aber zu viel davon versetzt den Körper permanent in Alarmbereitschaft. Wenn wir nun zum Beispiel regelmäßig neue Trainingsmethoden ausprobieren, widersprüchliche Ratschläge von Stallkolleginnen annehmen oder einfach nur unstrukturiert und unvorhersehbar im Umgang mit unseren Pferden agieren, kann dies für sie in unserer Anwesenheit schon zu chronischem Stress führen.

Egal ob es inkonsequente Regeln im Umgang mit Futter sind, unverhältnismäßige Strafen für Verhaltensweisen des Pferdes, die in anderen Situationen sogar gelobt wurden, ständig wechselnde Hilfengebung und Hilfsmittel oder die regelmäßig wechselnde Bezugsperson durch Reitbeteiligungs- oder Besitzerwechsel. Früher oder später kann

jedes Pferd, das nicht durchdacht auf all diese unterschiedlichen Anforderungen vorbereitet wurde, unter dem entstehenden Stress leiden. Im Umgang mit Ihrem Pferd können wir Ihnen daher nur den folgenden wichtigen Ratschlag ans Herz legen: »Weniger ist mehr.« Bieten Sie Ihrem Pferd Routine und Vorhersehbarkeit, sodass es im Fall einer plötzlichen Änderung noch genug Ressourcen hat, um sich an die neue Situation in angemessener und gesunder Weise anpassen zu können. Ein sogenanntes bombensicheres Pferd erhält man nicht durch ständige Reizüberflutung, sondern durch kleinschrittiges Training.

Ist die Anwesenheit des Menschen zuverlässig mit beunruhigenden Erfahrungen verknüpft, kann dieser bereits zum Ankündiger von Stress werden.

Je mehr gemeinsame Entspannungsmomente Sie mit Ihrem Pferd auf dem Beziehungskonto haben, desto beruhigender wirkt Ihre Anwesenheit.

Wenn wir Verhalten trainieren, sollten wir sowohl das große Ganze im Hinterkopf haben, als auch die einzelnen Trainingsschritte. Die Schwierigkeit liegt also darin, immer zwischen Fokussierung und Weitblick zu variieren.

Panikattacken, Phobien und Co. – Wirklich auch ein »pferdisches« Problem?

Sicher ist Ihnen aufgefallen, dass wir in diesem Buch zwar viel über Angst und ihre Formen sprechen, dabei aber nach Möglichkeit auf Begriffe aus dem menschlichen Sprachgebrauch, wie »Trauma«, »Phobie« oder »Panikattacken«, verzichtet haben. Warum es eine bewusste Entscheidung war, sowie deren Hintergründe, erläutern wir in diesem Kapitel noch einmal ausführlicher. Leider gibt es kaum wissenschaftliche Artikel und Arbeiten darüber, inwieweit bestimmte psychische Probleme, die es beim Menschen gibt, auch beim Pferd zu finden sind. Außerdem ist es beim Menschen deutlich leichter, durch Gespräche bestimmte Emotionen zu erfassen und einzuordnen, als lediglich anhand von bestimmten Verhaltensweisen zu interpretieren.

Trotzdem lieben wir Menschen diese Etiketten. Da wird aus einem Pferd, das Meideverhalten gegenüber dem Sattel zeigt, ganz schnell ein traumatisiertes Tier, das nur mit Hilfe von Trainer XY oder dessen Methoden geheilt, beziehungsweise therapiert werden kann. Oder das Pferd zeigt sich zum Beispiel beim Longieren, beim Reiten oder bei der Bodenarbeit nicht so kooperativ, wie wir das gerne hätten. Es reagiert vielleicht mit Losreißen, Steigen, Buckeln oder Ausschlagen und vielleicht fällt uns dann ein zeitlicher Zusammenhang zu einem kurz davor wahrgenommenen Reiz auf, wie zum Beispiel der

Longierpeitsche. Je nachdem, wie oft das passiert und von uns so wahrgenommen wird, desto schneller und wahrscheinlicher werden wir genau diesen Reiz als Ursprung allen Übels identifizieren. So funktioniert einfach unser menschliches Gehirn. Wir neigen dazu, uns auf ein einmal wahrgenommenes Problem zu konzentrieren und oft geht uns deswegen schnell der Überblick verloren.

Im Beispiel mit der Longierpeitsche achten wir also weit mehr darauf, wie oft das Pferd im Zusammenhang mit dem Gebrauch der Longierpeitsche Abwehrverhalten zeigt, als darauf, ob wir zum Beispiel selbst vom Pferd als bedrohlich wahrgenommen werden könnten. Es ist also oft gar nicht so leicht zu erkennen, ob und vor was unser Pferd Angst hat. Hinzu kommen viele dieser Begriffe, die auch in der Fachwelt, also von Trainern, Tierärzten und anderen Profis, häufig etwas unreflektiert eingesetzt werden. Aber gibt es bei Pferden wirklich Panikattacken, Angststörungen und Ähnliches?

Für viele Pferdeliebhaber gibt es einen Grundsatz und der wird von vielen Trainern auch oft direkt als die Wurzel allen Übels propagiert, nämlich die Pferde auf gar keinen Fall zu vermenschlichen. Laut gängiger Meinung führt das zu nicht artgerechter Kommunikation und zu Pferden, die völlig ungezügelt und dominant reagieren, weil sie keinen menschlichen Herdenchef haben. Sie zu vermenschlichen, führt vermeintlich zu Pferden, die im schlimmsten Fall nur aus einem Grund diverse Ängste,

Wem eine tiefe Verbindung zu seinem Pferd wichtig ist, der wird versuchen, sein Tier immer besser zu verstehen. Das gelingt nicht zuletzt, weil wir uns in andere einfühlen können.

Macken und unerwünschtes Verhalten zeigen – weil der Mensch nicht »der Boss« ist. Das ist jetzt eindeutig etwas übertrieben und überspitzt formuliert, dennoch verursacht diese vereinfachte Herangehensweise so viel Leid und unnötigen Druck für Mensch und Pferd, dass man es thematisieren sollte. Es ist uns schlichtweg gar nicht möglich, das Pferd nicht zu vermenschlichen. Es sei denn, wir sehen in ihm lediglich ein Sportgerät oder ein Mittel zum Zweck, welches ausschließlich dafür bestimmt ist, unsere eigenen Bedürfnisse zu befriedigen.

Die meisten Menschen fühlen aber eine innige und tiefe Verbundenheit mit ihrem Pferd und sehen dieses eher als gleichberechtigten Partner. Deswegen werden sie eher versuchen – je nach Ausprägung der eigenen emotionalen und sozialen Kompetenz –, ihr Pferd durch unseren menschlichen Filter zu verstehen. Das ist unsere Art, uns mit Gefühlen auseinanderzusetzen und auch in Bezug auf unsere Pferde werden wir so versuchen, ihre Gefühle zu verstehen und wahrzunehmen. Diese Vorgehensweise kann den Blick öffnen, damit wir in die Welt eines anderen eintauchen können. Wenn wir uns jetzt noch die vielen Unterschiede zwischen Pferden und Menschen ins Gedächtnis rufen, können wir dadurch bis zu einem gewissen Grad tatsächlich verstehen, wie unsere Pferde fühlen.

Wichtig ist ebenfalls zu wissen, dass nicht jedes Pferd mit der gleichen emotionalen Grundausstattung auf die Welt kommt. Man kann also nicht sagen, dass alles nur von der Geburt des Pferdes an perfekt laufen müsste, damit ein Pferd dabei herauskommt, das immer souverän mit neuen Herausforderungen und Aufgaben umgehen kann. Nicht jedes Pferd ist gleich. Das wäre für die Spezies auch gar nicht nützlich. Es wird immer mutigere Individuen geben und vorsichtigere. Für uns ist es wichtig, auch das zu verstehen. Vielleicht haben wir einfach ein ängstlicheres Pferd. Das alleine stellt überhaupt kein Problem dar, es ist weder gut noch schlecht. Oft sind es gerade diese sensiblen Pferde, die für viele Aktivitäten sogar besser geeignet sind als andere Pferde. Diese Unterschiede innerhalb einer Spezies sind völlig normal und schränken das Tier überhaupt nicht ein.

Lassen Sie uns das Ganze an einem kleinen Beispiel betrachten. Nachdem das Absetzen schonend und altersgerecht erfolgte, genießt das Pferd sein Leben in einer kleinen stabilen Herde. Es wird von seiner Besitzerin langsam an alles herangeführt, was junge Pferde lernen müssen und es entwickelt sich gut, auch wenn man es sicher nicht als Draufgänger bezeichnen würde. Langsam beginnt die Zeit des Anreitens und die Besitzerin macht sich darüber viele Gedanken. Sie beginnt, das Pferd behutsam an Sattel und Trense zu gewöhnen. Allerdings gestaltet sich das Satteln sehr schwierig und so probiert sie einige Tipps von Freunden und Bekannten aus. Mittlerweile zeigt das Pferd tatsächlich einige unschöne Verhaltensweisen, sobald die Besitzerin mit dem Sattel am Putzplatz erscheint. Es wird bereits beim Anblick des Sattels unruhig, beim Auflegen tritt es unter den Bauch und sobald der Sattelgurt behutsam angezogen wird, beißt es in den Anbindebalken.

Was fühlt das Pferd im Beispiel? Empfindet es Angst, Furcht oder sogar Panik? Ist es vielleicht schon traumatisiert, hat eine Phobie entwickelt oder ist einfach nur ungezogen? Im allgemeinen Sprachgebrauch würden wir sagen: »Das Pferd hat Angst.« Wenn wir es ganz genau nehmen wollen, müssten wir sagen: »Das Pferd fürchtet sich«, denn es

Ob ein Pferd gerne mit uns Zeit verbringt, wie zum Beispiel beim Reiten, hängt von vielen verschiedenen Faktoren ab.

empfindet Furcht, da es einen speziellen Auslöser für sein Erleben gibt. Wie Sie in diesem Buch bereits erfahren haben, werden Angst und Furcht in der Psychologie unterschieden. Während Ängste auch und vor allem durch die gedankliche Auseinandersetzung mit möglichen Schreckensszenarien entstehen, bezieht sich die Furcht auf ein tatsächlich bedrohliches Ereignis, beziehungsweise das Vorausahnen eines solchen. Auch wird die Furcht als Vorstufe der Angst bezeichnet. Um das zu verstehen, müssen wir etwas tiefer in die Emotionsforschung eintauchen.

Laut Panksepp, der sich der Grundlagenforschung menschlicher und tierischer Emotionen verschrieben hat, gibt es bei Pferden – und Menschen – unterschiedliche Systeme im Gehirn, die mit unterschiedlichen Emotionen verknüpft sind. Diese sind also immer dann aktiv, wenn das Pferd ein bestimmtes, emotionsgebundenes Verhalten zeigt. Er konnte zum Beispiel nachweisen, welche Emotionen sich gut oder schlecht anfühlten. Dafür führte er die Stimulation des mit dem jeweiligen Gefühl gekoppeltem Hirnareals immer an einem bestimmten Ort durch. Nach einigen Durchgängen konnten die Tiere genau zeigen, welche Gefühle sich gut anfühlten, denn diesen Ort suchten sie gerne wieder auf. Im Gegensatz dazu konnten sie auch genau zeigen, was sich schlecht anfühlt, da dieser Ort gemieden wurde. Eindrucksvoll zeigen auch unsere Pferde, was sich gut oder schlecht anfühlt, indem sie zum Beispiel gerne den Reitplatz aufsuchen, freiwillig in den Hänger steigen oder eben auch schon davonlaufen, wenn der Mensch mit dem Halfter zur Koppel kommt.

Da beim Pferd bis heute keine objektunabhängige Angst differenziert werden kann, hat sich der Überbegriff Angst etabliert und es wird im allgemeinen Sprachgebrauch nicht zwischen Angst und Furcht unterschieden. Wenn Sie sich jetzt fragen, was denn bitte eine objektunabhängige Angst sein soll, kommt hier die

Antwort. Von objektbezogener Angst spricht man, wenn ein Auslöser außerhalb des Pferdes identifiziert werden kann, also wenn sich das Pferd zum Beispiel vor einem herannahenden Traktor fürchtet, vor dem Einstieg in den Pferdeanhänger oder, wie in unserem vorherigen Beispiel, vor dem Sattel. Die Angst ist auch dann noch objektbezogen, wenn sie bereits generalisiert wurde, wenn das Pferd also gelernt hat, sich nicht nur vor dem eigentlichen Auslöser wie dem Sattel zu fürchten, sondern bereits beim Geräusch der Tür zur Sattelkammer ängstliches Verhalten zeigt.

Dies ist auch der Grund, warum beim Pferd viele der Angst- und Panikstörungen, die beim Mensch auftreten können, nicht vorkommen. Panikattacken, Phobien und Co. sind nämlich objektunabhängige Ängste. Das bedeutet, dass wir als Grund für die Ängste keine äußeren Auslöser ausmachen können und sie vor allem auch nicht an ein Objekt gekoppelt sind. Vielmehr bauen wir Menschen uns in unserem Gehirn diese Ängste quasi selbst.

Manchmal kann es einem Pferd mit schlechten Vorerfahrungen helfen, den Fokus des Trainings auf einfache und vor allem unbelastete Verhalten zu setzen. Leichtigkeit, Freude und Selbstwirksamkeit sind großartige Verstärker.

Was hier so simpel klingt ist in Wirklichkeit hoch komplex und beschäftigt die Wissenschaft seit Jahrzehnten. Bei Panikattacken sind sich Wissenschaftler nicht zu 100 % sicher, man geht aber davon aus, dass sie, außer bei höheren Primaten, im Tierreich sonst nicht vorkommen. Oft ist allerdings für Reiter oder Trainer tatsächlich kein äußerer Auslöser zu erkennen, weswegen dem Pferd dann häufig ein Etikett, wie eine Phobie, verpasst wird und auch von Pferden mit Panikattacken wurde uns schon berichtet. Wurde dem Pferd zum Beispiel eine Gertenphobie diagnostiziert, würde das bedeuten, dass das Pferd zwar weiß, dass es vor der Gerte keine Angst haben muss, es das aber trotzdem tut. Doch dazu können wir das Pferd nicht befragen.

Bei genauerem Hinsehen, können eventuell die konkreten Auslösereize identifiziert werden. Aber selbst, wenn nicht, gibt es im positiven Pferdetraining einige Möglichkeiten, um solchen Pferden zu helfen, auch wenn das mit Sicherheit zeit- und arbeitsintensiv ist. Sicher ist jedoch, dass Ihnen kein Trainer eine Erfolgsgarantie geben kann. Und sicher ist auch, dass diese Etiketten oft eher eine wirksame Marketingstrategie sind und keine fachlich korrekte Diagnose darstellen. Wollen Sie also die Hilfe eines Trainers in Anspruch nehmen, gilt es, ganz genau hinzusehen und sich im Vorfeld Gedanken zu machen, was genau Sie sich von einem Training versprechen. Gerade im Training mit ängstlichen oder schnell gestressten Pferden ist es wichtig, die leisen Zwischentöne zu hören und zu verstehen und nicht nur ein Programm XY durchzuziehen.

Das traumatisierte Pferd

Ganz anders sieht es mit dem Etikett »Trauma« aus. Auch dieses finden wir immer häufiger bei Pferden, die unerwünschtes Verhalten und Ängste zeigen. Ein Trauma kann dabei sowohl auf körperlicher als auch auf psychischer Ebene existieren. So wird zum Beispiel eine Verletzung infolge eines Unfalls als Trauma bezeichnet. Auf psychischer Ebene kann ein Trauma auf vielfältige Weise entstehen. Viele Pferde machen bereits in sehr jungen Jahren erste traumatische Erfahrungen. So kann das zu frühe und abrupte Absetzen von Fohlen oder das unüberlegte Anreiten von jungen Pferden bereits tiefe Wunden in der Pferdeseele hinterlassen. Aber auch die immer noch häufig praktizierte Reizüberflutung, manche Trainingssysteme und Unfälle lassen bei Pferden Spuren zurück. Es gibt also viele Ursachen, die zu einem Trauma beim Pferd führen können und oft werden diese Pferde besonders sensibel auf jeden noch so kleinen Auslöser ihrer Ängste achten und sie damit verknüpfen.

Umso länger dieser Prozess anhält, desto schwieriger können oft die eigentlichen Auslöser gefunden werden, vor allem bei Pferden, die dazu noch häufig den Besitzer wechseln. Dabei muss noch nicht einmal absichtlich etwas verschwiegen werden. Wir kennen sicher alle das Phänomen, dass sich etwas ganz anders anfühlt, als es für einen Beobachter aussieht. So können wir zum Beispiel einen Unfallhergang aus Beobachterperspektive schildern, ob es sich aber für unser Pferd genauso angefühlt hat und ob ein unbeteiligter Beobachter den Vorgang genauso beschreiben würde? Sicher nicht! Das macht die Spurensuche zur Detektivarbeit mit unklarem Ausgang.

Aus eigener Erfahrung wissen wir, dass diese Beschäftigung mit unerwünschten Verhaltensweisen und Ängsten beim Pferd unseren Fokus zwangsläufig auf die negativen Seiten lenkt. Wir beißen uns daran fest und versuchen mit allen Mitteln, dem Tier zu helfen. Dabei bleiben der Spaß und die Freude am Zusammensein mit unserem Partner Pferd schnell auf der Strecke. Statt also unserem Pferd ein Etikett zu verpassen und dann nur noch daran herumzutherapieren, sollten wir anfangen – besonders bei Pferden mit schlechten Vorerfahrungen – wieder Spaß und Lebensfreude in den Pferdealltag zu integrieren. Es spricht sicher nichts dagegen, mittels positiver Verstärkung auch an Problemen zu arbeiten. Oft ist es aber viel sinnvoller, Übungen und Unternehmungen zu finden, die die Bindung und das Vertrauen stärken, die Spaß machen und Körper und Geist wieder in Einklang bringen. Wie wäre es zum Beispiel mit einem entspannten Spaziergang in der Gruppe? Falls

Nicht immer müssen es spektakuläre Verhalten sein – oft ist weniger mehr, wenn wir einem Pferd wieder etwas Lebensfreude zurückgeben möchten.

das mit Ihrem Pferd noch nicht geht, finden Sie vielleicht Spaß an gemeinsamen Aktivitäten wie Zirkuslektionen und Agility. Es gibt unendlich viele Möglichkeiten und Ihrer Kreativität sind kaum Grenzen gesetzt.

Vertrauen, Bindung und Spaß – traumatisierten Pferden helfen

Was aber können wir tun, wenn wir vermuten, dass unser Pferd wirklich eine traumatische Erfahrung hinter sich hat? Sollten wir das Pferd ständig mit dem Angstauslöser konfrontieren? Was macht das mit unserem Pferd, wenn es sich immer wieder in einer Situation wiederfindet, die sich nicht gut anfühlt? In einer Situation, in der es sich vielleicht sogar fürchtet und in die es erst durch seinen Besitzer gebracht wird? Und genau dieser Besitzer, der ja eigentlich nur das Beste für sein Tier möchte, hindert es jetzt vielleicht sogar noch daran, aus dieser Situation zu entkommen und lässt das Pferd alleine nach Lösungswegen suchen. Damit werden wir sicher nicht zu einem verlässlichen Partner für unser Pferd und es wird von solchen Aktionen eher wenig profitieren, da sie weder Selbstwirksamkeit noch Selbstvertrauen des Pferdes stärken.

Auch sollte man nicht vergessen, dass die Stimmung, die wir in einer Trainingseinheit haben, sich direkt auf unser Pferd auswirkt. Es spürt genau, ob wir schon wieder an einem Problem arbeiten und wir ihm dadurch indirekt zu verstehen geben, dass wir mit ihm unzufrieden sind, dass wir unser Pferd nicht so akzeptieren, wie es eben ist. Vielen Pferdehaltern ist gar nicht bewusst, wie oft sie sich selbst und auch ihr Pferd nur über Fehler definieren. Das tut weder Mensch noch Pferd gut. Jenseits des Etiketts »traumatisiertes Pferd« werden wir viele wunderbare Eigenschaften und Verhaltensweisen an unserem Pferd entdecken können. Diese gilt es zu fördern und zu stärken. Denn wenn wir es schaffen, unserem Pferd wieder die Freude und den Spaß am gemeinsamen Tun zu vermitteln, können wir eine vertrauensvolle Basis schaffen. Auf diese Basis können wir aufbauen und irgendwann dem Auslöser der Angst mutig entgegensehen.

Positiv erlernte Signale können im Alltag Sicherheit geben.

Manchmal lösen sich bereits durch die Konzentration auf die positiven Seiten ganz viele Probleme sprichwörtlich in Luft auf oder verlieren zumindest sehr an Bedeutung. Je mehr Signale unser Pferd sicher und positiv erlernt, desto mehr Sicherheit gewinnt es dadurch. Denn gut erlernte Signale führen dazu, dass unser Pferd weiß, was von ihm erwartet wird. Diese Erwartungssicherheit führt fast nebenbei zu einer vertrauensvollen Beziehung, auf die sich beide Partner verlassen können. Im folgenden Teil des Buches erfahren Sie mehr darüber, wie Ihr Pferd lernt und mit welchen Übungen Sie ihm dabei helfen können, den Alltag sicher und entspannt zu bewältigen.

Teil III – Lernen in Theorie und Praxis

So lernen Pferde

Wie Lernen funktioniert

Nachdem Sie im ersten Teil dieses Buches erfahren haben, wie Angst und Stress entstehen und was dabei auf körperlicher Ebene und im Gehirn passiert, widmen wir uns im zweiten Teil des Buches der Lerntheorie und ihrer praktischen Anwendung. Denn die gute Nachricht ist: wir können unseren Pferden auf viele Arten dabei helfen, die Angstspirale zu verlassen und den Alltag zuversichtlich und gelassen zu meistern.

Um zu verstehen, wie Pferde lernen und welche Fallstricke und Besonderheiten es dabei zu beachten gibt, sehen wir uns in den folgenden Abschnitten zunächst einmal genauer an, wie Pferde lernen. Dabei erklären wir Ihnen die wichtigsten Begriffe, Konzepte und Gesetzmäßigkeiten und zeigen an anschaulichen Beispielen, wie das für Training und Alltag relevant ist.

Gemeinsam lässt sich der Alltag am besten meistern.

Die komplexe Mimik der Pferde erfüllt wichtige Funktionen in der Kommunikation.

Die Konsequenz des Verhaltens – Verstärkung und Strafe

Für jedes Lebewesen gibt es zwei mögliche Folgen seines eigenen Handelns – entweder es lohnt sich oder es lohnt sich nicht. Das gilt selbstverständlich auch für unsere Pferde. Dabei sind nicht nur offensichtliche Verhaltensweisen, wie zum Beispiel Kopfsenken oder Scharren gemeint, sondern auch Dinge wie Blinzeln, das Schweifschlagen oder das Anlegen der Ohren. Pferde lernen also aus den Folgen ihres Verhaltens.

Lernen als Prozess
Stellen Sie sich diesen Lernprozess am besten als einen Kreislauf vor. Es passiert etwas in der unmittelbaren Umgebung, wir reagieren darauf, anschließend passiert wieder etwas und immer so weiter. Unser Verhalten – und natürlich auch das unserer Pferde – verändert etwas in unserer Umgebung. Die Entscheidungsgrundlage dafür, wie wir das nächste Mal in solch einer Situation reagieren, bildet dabei die Konsequenz unseres Handelns, also das, was kurz darauf passiert.

Das Lernen ist ein kontinuierlicher Kreislauf.

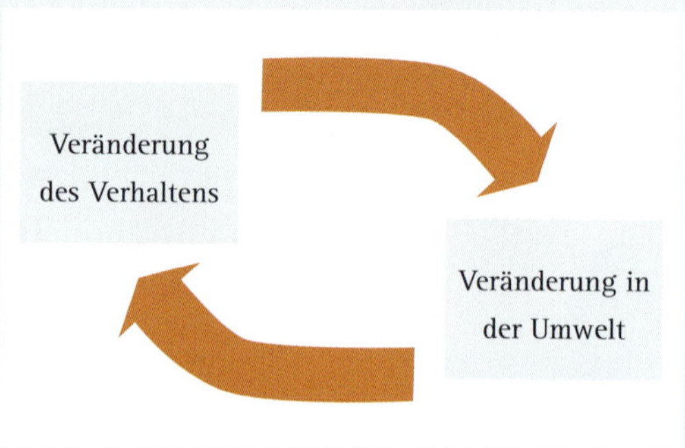

Verstärkung

Wenn sein Handeln sich für das Pferd lohnt, sprechen wir im Bereich der Lerntheorie von Verstärkung – das Verhalten wird verstärkt. Damit ist die Frequenz und die Häufigkeit gemeint, in der das Verhalten gezeigt wird.

Durch Verstärkung wird Verhalten häufiger.

Stellen Sie sich an dieser Stelle eine Pferdeweide vor, an der regelmäßig Spaziergänger vorbeigehen. Ihr Pferd ist erst neu eingezogen und hält sich nur selten im Bereich des Zaunes auf. An einem Tag steht es zufällig am Zaun, während die Nachbarin ein paar Äpfel aus Ihrem Garten über den Zaun wirft. Ihr Pferd, das Äpfel liebt, freut sich sehr über den unerwarteten Fund. Am nächsten Tag bringt die Nachbarin wieder Äpfel vorbei, während Ihr Pferd am anderen Ende der Weide ist. Neugierig wandert es zum Zaun und findet die Äpfel. Was vermuten Sie, was Ihr Pferd am nächsten Tag beim Anblick der Nachbarin macht?

Vermutlich trabt es freudig in Erwartung der Äpfel zum Zaun – das Verhalten »sich dem Zaun nähern« hat sich gelohnt!

Ob es sich wohl heute lohnt, zum Zaun zu wandern?

Was ist ein Verstärker?

Der Begriff Verstärker beschreibt im Zusammenhang mit dem Lernen etwas, das als Konsequenz auf ein Verhalten folgt, woraufhin dieses Verhalten in Zukunft häufiger gezeigt wird. Das kann zum Beispiel ein Lächeln oder ein »Danke« sein, wenn uns im Supermarkt jemand etwas aus einem Regal reicht. Das kann eine Berührung oder Streicheln sein, wenn der Berührte das als angenehm empfindet. Das kann im Umgang mit unseren Tieren Futter sein oder auch ein ausgiebiges Kraulen an einer besonders juckenden Stelle.

Ein Verstärker ist all das, was der Empfänger als angenehm oder lohnenswert empfindet, und ist von den aktuellen Bedürfnissen und der gegebenen Situation abhängig.

Eine ausführliche Krauleinheit würden wohl viele Pferde als lohnenswert bezeichnen.

Strafe

Ihr Pferd hat nun also gelernt, dass es sich lohnt, am Zaun nach Äpfeln Ausschau zu halten. Doch was passiert, wenn Ihr Pferd auf der Suche nach den Leckereien gegen den Stromzaun kommt?

Gehen wir einmal davon aus, dass Ihr junges Pferd bisher nur stabile Holz- oder Metallzäune kannte, gegen die es sich ohne weitere Folgen lehnen konnte. Der unerwartete Stromreiz ist unangenehm für Ihr Pferd und es rennt, da es ihn nicht einschätzen kann, erst einmal zurück auf sichere Distanz vom Zaun. Nach einer Weile kehrt es zurück und erwischt den Zaun erneut.

Durch Strafe wird Verhalten seltener.

Anschließend bleibt es dem Zaun lieber fern. Das Verhalten »sich dem Zaun nähern« hat sich nicht gelohnt – es wurde bestraft.

Strafe und Fehlverknüpfungen!

Ein Nebeneffekt von Strafe ist allerdings, dass oft auch andere Dinge mit dem unangenehmen Reiz verknüpft werden. Das kann zum Beispiel ein gerade vorbeikommender Radfahrer, ein anderes Pferd, der Wasserbottich oder ein Traktor am Horizont sein. Diese Fehlverknüpfungen können das Pferd im schlimmsten Fall sein Leben lang beeinträchtigen und das Training von scheinbar vollkommen einfachen Übungen zu unüberwindbaren Hürden verwandeln.

Bekommt das Pferd in solch einer Situation einen Stromschlag, kann es diesen auch mit Mensch oder Pferd verknüpfen.

Der zeitliche Zusammenhang von Konsequenz und Verhalten

Wie Sie in den beiden Beispielen bereits bemerkt haben, müssen Verhalten und Konsequenz miteinander in direktem Zusammenhang stehen. Das Pferd kommt nur zum Zaun, wenn es die Äpfel auch wirklich dort findet oder bleibt ihm fern, wenn es dort einen Stromschlag bekommen hat. Findet es den Apfel irgendwo auf der Weide oder bekommt es den Stromschlag auf Entfernung, zum Beispiel indirekt durch die Berührung vom Menschen, verknüpft es diese Ereignisse nicht mit dem Zaun.

Dasselbe gilt auch für unser Training. Egal nach welchem Konzept wir arbeiten – mehr zu den unterschiedlichen Varianten finden Sie im nächsten Abschnitt – ist es wichtig, dass die Konsequenz auf das Verhalten zeitnah erfolgt. Denn alles, was zwischen Verhalten und Konsequenz geschieht, wird ebenfalls verstärkt oder bestraft.

Das Pferd lernt aus der Konsequenz seines Verhaltens.

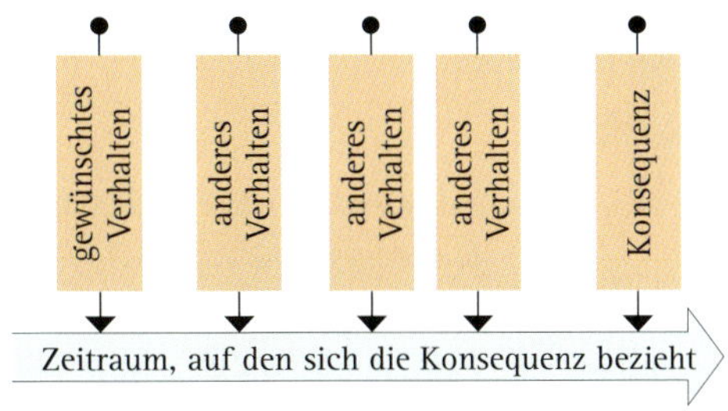

Plus und Minus – die vier Lernquadranten

Nachdem Sie im letzten Kapitel den Unterschied zwischen Verstärkung und Strafe kennengelernt haben, gehen wir in diesem Abschnitt genauer auf die verschiedenen Varianten der Verstärkung bzw. Strafe ein.

Der US-amerikanische Psychologe B. F. Skinner erforschte Anfang des letzten Jahrhunderts, welche Auswirkungen Strafe und Belohnung auf das vorangegangene Verhalten eines Lernenden haben. Aus seiner Arbeit entwickelte sich die Theorie der Operanten Konditionierung. Das bedeutet nichts anderes, als dass das Lernen (Konditionierung) als Reaktion darauf stattfindet, was in der Vergangenheit direkt im Anschluss an ein bewusst gezeigtes (operantes) Verhalten passiert ist. Dabei gibt es vier mögliche Konsequenzen. Es kann etwas hinzugefügt (+ / positiv) oder entfernt (- / negativ) werden und das kann für denjenigen angenehm oder unangenehm sein. Als Folge davon wird das Verhalten in Zukunft entweder häufiger (Verstärkung) oder seltener (Strafe) gezeigt. Diese vier Möglichkeiten lassen sich am einfachsten in einer Tabelle mit vier Bereichen (den vier Lernquadranten) veranschaulichen.

	Verstärkung ↑	Strafe ↓
Positiv +	Etwas Angenehmes wird hinzugefügt, wodurch das Verhalten häufiger gezeigt wird.	Etwas Unangenehmes wird hinzugefügt, wodurch das Verhalten seltener gezeigt wird.
Negativ -	Etwas Unangenehmes wird entfernt, wodurch das Verhalten häufiger gezeigt wird.	Etwas Angenehmes wird entfernt, wodurch das Verhalten seltener gezeigt wird.

Die vier Lernquadranten beschreiben, ob ein Verhalten in Zukunft häufiger oder seltener wird und ob vorher etwas Angenehmes oder Unangenehmes hinzugefügt oder entfernt wurde.

Der Begriff »Positiv« in der Lerntheorie

Ein weit verbreitetes Missverständnis ist, dass der Begriff positiv gleichbedeutend mit angenehm ist. Positiv bezeichnet in diesem Zusammenhang nur das Hinzufügen von etwas Angenehmem ODER Unangenehmem. Umgekehrt bedeutet negativ in diesem Zusammenhang nur das Entfernen von etwas Angenehmem oder Unangenehmem.

Um das Pferd zum Antreten zu bewegen, wird der unangenehme Reiz zunächst hinzugefügt – das Seilende wird geschwungen – und sobald das Pferd losläuft, wieder entfernt – die Hand mit dem Strick wird gesenkt.

Negative Verstärkung

Im alltäglichen Umgang mit unseren Pferden und beim Reiten dominiert im Normalfall die negative Verstärkung. Das bedeutet, dass eine Hilfe so lange gegeben wird, bis das Pferd wie gewünscht reagiert. Der unangenehme Reiz ist also bereits vor dem Verhalten präsent und wird bei korrekter Reaktion entfernt – in diesem Moment wird er zum Verstärker.

Auch für seine Reaktion als Fluchttier spielt die negative Verstärkung eine große Rolle. Nimmt das Pferd in der Entfernung eine Gefahr wahr – der unangenehme Reiz wird hinzugefügt – flüchtet es auf eine sichere Distanz zum Auslöser – das Fluchtverhalten wird verstärkt. Welche weiteren Bewältigungsstrategien dem Pferd zur Verfügung stehen, haben Sie bereits im Abschnitt »Flucht oder Angriff« erfahren.

Beim Aufrechterhalten von verschiedenen Abwehrreaktionen, zu denen insbesondere ängstliche Pferde schnell neigen, spielt die negative Verstärkung ebenfalls eine große Rolle. Genauso wie bei der Flucht vor einer Gefahr dient das Verhalten des Pferdes dazu, die unangenehme Situation so schnell wie möglich zu beenden. Das kann zum Beispiel ein Schnappen sein, um sich gegen eine Berührung zu wehren – die Hand wird zurückgezogen, der unangenehme Reiz wird entfernt – oder auch ein Steigen oder Kopfschlagen, um unangenehmen Zug am Strick oder Zügel zu beenden.

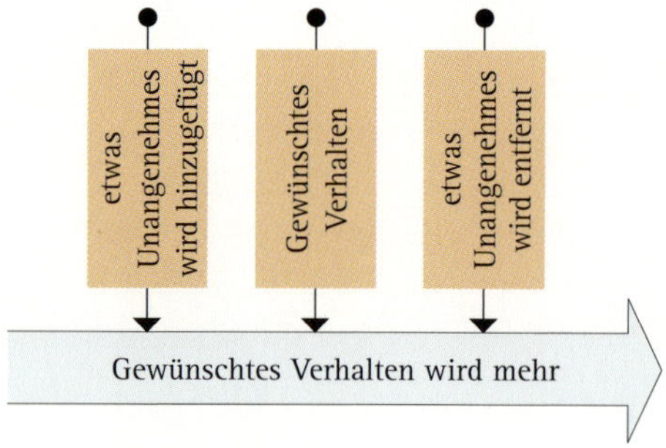

Bei der negativen Verstärkung wird der unangenehme Reiz vor dem Verhalten hinzugefügt und als Konsequenz entfernt.

Natürliche Kommunikation oder negative Verstärkung?

Häufig wird argumentiert, dass die Hilfen bei Bodenarbeit oder Reiten ausschließlich natürliche Kommunikation und damit keine negative Verstärkung sind. Vermutlich geschieht das aus dem Wunsch heraus, den Begriff negativ zu vermeiden. Egal wie grob oder fein bzw. unangenehm oder angenehm diese Hilfen für das Pferd letztendlich sind, ändert es dennoch nichts an der Tatsache, dass die negative Verstärkung angewandt wird. Damit kann jedoch noch lange keine Aussage darüber getroffen werden, ob das Pferd sich in der Situation wohlfühlt oder nicht.

Alle vier Lernquadranten sind natürliche Kommunikation, da jedes Lebewesen sie vom Moment seiner Geburt an versteht und mit ihrer Hilfe lernt.

Zeigt Ihr Pferd diese oder andere Verhaltensweisen regelmäßig, hilft es zu hinterfragen, welche konkrete Situation es damit beenden oder vermeiden möchte. Im Training mit negativer Verstärkung zählen auch Pausen zu den Verstärkern. Die Pause, also das Ausbleiben aller unangenehmen Reize, belohnt das vorhergegangene Verhalten des Pferdes.

Durch das Schlagen mit dem Kopf lässt der unangenehme Zug am Strick für einen kurzen Moment nach, das Kopfschlagen wird verstärkt.

Unangenehme Situationen vermeiden

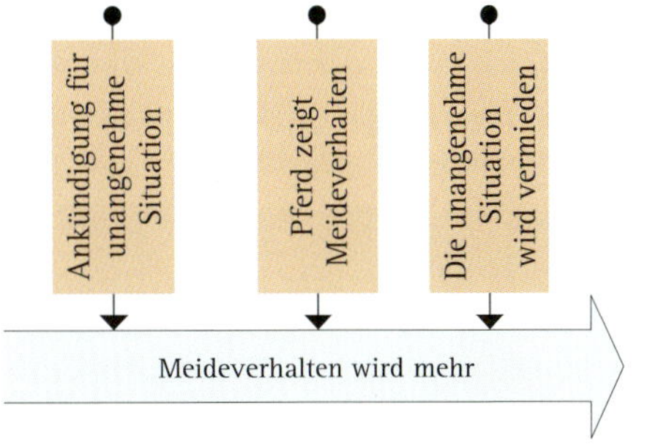

Das Meideverhalten dient dazu, unangenehme Situationen zu vermeiden.

Auch das sogenannte Meideverhalten wird durch das Prinzip der negativen Verstärkung aufrechterhalten. Dabei lernt das Pferd die Anzeichen dafür kennen, wann etwas Unangenehmes geschehen wird und vermeidet es in Zukunft aktiv, in diese Situation zu kommen. Ein typisches Beispiel ist der Kontakt mit dem Stromzaun. Zu Beginn ist der Stromzaun neutral, bis das Pferd bei der Berührung einen unangenehmen Stromschlag erhält. In Zukunft reicht bereits der Anblick oder das hörbare Ticken des Zaunes als Warnsignal. Das Pferd vermeidet es, den Zaun zu berühren, das Ausbleiben des Stromschlages dient als Verstärker.

Dasselbe Prinzip greift, wenn ein Pferd sich bei Anblick des Tierarztes nicht halftern lässt oder bei Anblick der Gerte wortwörtlich »wie von alleine« läuft. In beiden Fällen dient das gezeigte Verhalten dazu, eine unangenehme Situation zu vermeiden und wird durch das Ausbleiben des erwarteten unangenehmen Reizes verstärkt.

Durch das Hochnehmen des Kopfes versucht das Pferd, eine unangenehme Berührung mit der Bürste zu vermeiden.

Positive Strafe

Auf der Gegenseite der negativen Verstärkung finden wir die positive Strafe. Positiv bedeutet in diesem Fall, dass etwas Unangenehmes hinzugefügt wird, woraufhin das Verhalten seltener gezeigt wird.

Ein klassisches Beispiel ist hier wohl der Ruck am Strick oder der Schlag mit der Gerte, um ein unerwünschtes Verhalten des Pferdes zu unterbinden. Aber schon bereits das stärkere Geben einer Hilfe – der Zügel wird nicht mehr leicht angenommen, sondern angezogen; der Schenkel wird nicht mehr leicht angespannt, sondern mit dem Absatz an den Pferdebauch geklopft – kann, je nach Pferd, bereits eine Strafe für das vorhergehende Verhalten sein. Sicher kennen Sie in Ihrem Umfeld oder aus der Vergangenheit Pferde, die bereits losrennen, wenn Sie eine Gerte nur in die Hand nehmen. Hier finden Sie auch den direkten Bezug zur negativen Verstärkung. Denn wie Sie bereits erfahren haben, muss bei der negativen Verstärkung bereits ein unangenehmer Reiz vorhanden sein, um ihn entfernen zu können, sobald das Pferd wie gewünscht reagiert. Doch was passiert in dem Moment, in dem der unangenehme Reiz hinzugefügt wird? Richtig – das aktuell gezeigte Verhalten wird bestraft.

Der Einsatz von positiver Strafe hat einige, teilweise schwerwiegende, Nebenwirkungen und ist daher niemals zu empfehlen. Was dabei im Pferd vorgeht, haben Sie bereits zu Beginn dieses Buches erfahren.

- Das Pferd lernt, was es alles nicht tun soll, aber nicht, was es tun soll.
- Bei ausufernder oder zu starker Anwendung von Strafe kann das Pferd in die erlernte Hilflosigkeit verfallen.
- Das unerwünschte Verhalten wird nur unterdrückt und kann jederzeit wieder an die Oberfläche kommen.
- Das Pferd gewöhnt sich an den Strafreiz und stumpft ab, es muss immer härter gestraft werden.
- Strafe ist verstärkend für den Strafenden, da es zunächst einen schnellen sichtbaren Erfolg vermittelt und wird daher immer öfter als Mittel der Wahl angewendet.
- Strafe unterdrückt im besten Fall das Verhalten des Pferdes, aber verändert niemals die zugrundeliegende Emotion.

Aus negativer Verstärkung kann schnell positive Strafe werden, wenn zum Beispiel der Zug am Zügel verstärkt wird, um das Pferd am Weitergehen zu hindern.

Positive Strafe unterdrückt Verhalten durch das Hinzufügen eines unangenehmen Reizes.

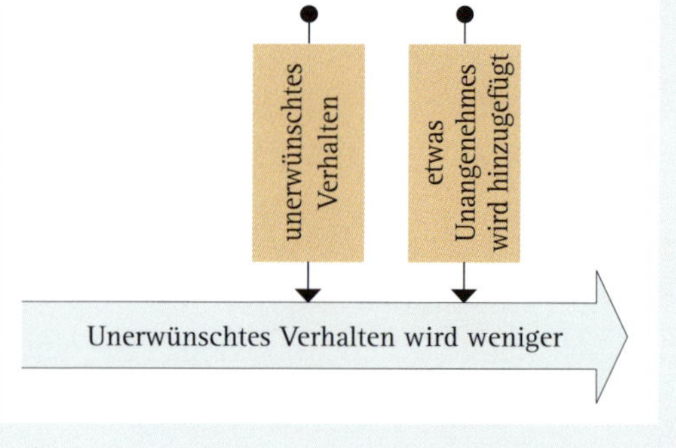

Entzug der Aufmerksamkeit, wie bei einem Time-out, kann eine negative Strafe sein.

Negative Strafe

Bei der negativen Strafe wird dem Pferd etwas Angenehmes weggenommen oder eine angenehme Situation beendet. Das sogenannte Time Out, also eine Zeitspanne, in der das Pferd sich keinerlei Verstärker verdienen kann, ist eine negative Strafe. Auch wenn Sie Ihrem scharrenden Pferd beim Fressen den vollen Futtereimer entziehen oder das bereits hervorgeholte, besonders begehrte Leckerchen wieder zurück in die Futtertasche stecken, kann das eine negative Strafe sein. Aber auch das abrupte Beenden einer genüsslichen Krauleinheit kann für das Pferd eine strafende Wirkung haben, genauso wie das sofortige Beenden einer Trainingseinheit mit positiver Verstärkung nach einem besonders guten Durchgang, wie es so oft empfohlen wird. Dies macht nur im Zusammenhang mit negativer Verstärkung Sinn!

Die Probleme mit der negativen Strafe sind ähnlich gelagert wie bei der positiven Strafe, denn das Pferd lernt so nur, was es nicht tun soll. Selbst im Umgang mit unhöflichem Verhalten ist die negative Strafe nur sehr bedingt sinnvoll, denn auch hier gibt es schließlich ein Verhalten, dass wir uns von unserem Pferd wünschen. Einen Hinweis darauf bekommt es von uns aber nicht.

Leider strafen wir unsere Pferde im Alltag oft unbewusst für erwünschtes Verhalten. Wie oft loben Sie Ihr Pferd dafür, wenn es ruhig am

Anbinder steht, entspannt die Hufe gibt, in einer Reitstunde alle Aufgaben problemlos absolviert oder ein Ruhepol in der Pferdegruppe beim Ausritt ist? Und wie oft wenden Sie sich immer dann Ihrem Gesprächspartner zu, während Ihr Pferd höflich neben Ihnen steht, aber richten die Aufmerksamkeit zurück auf Ihr Pferd, sobald es beginnt herumzutänzeln? Erwünschtes Verhalten wird viel zu oft als selbstverständlich angesehen, während unerwünschtes Verhalten beim Korrigieren einen Großteil der Aufmerksamkeit bekommt. Sie haben bereits gelernt, dass nur Verhalten gezeigt wird, welches sich für das Pferd lohnt. Verhalten, das ignoriert wird – was in diesem Fall mit dem erwünschten Verhalten passiert – lohnt sich nicht oder weniger und wird daher im ungünstigsten Fall immer seltener gezeigt. Auch hier ist natürlich der Übergang zwischen Löschen und negativer Strafe nicht einfach zu definieren, denn es kommt immer auf die vorhergegangene Trainingshistorie und die gegebene Situation an.

Für das Pferd als Herdentier ist Aufmerksamkeit und soziale Interaktion ein wichtiger und wirkungsvoller Verstärker. Der Entzug der Aufmerksamkeit ist daher ebenfalls eine starke negative Strafe!

Bei der negativen Strafe wird etwas Angenehmes entfernt, um ein unerwünschtes Verhalten zu unterdrücken.

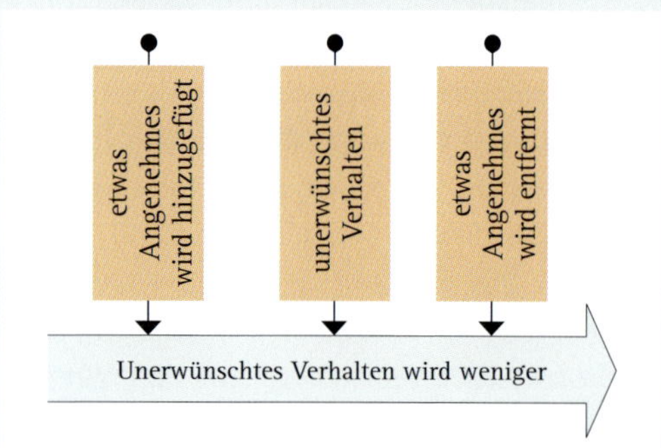

Bei der positiven Verstärkung lernt das Pferd mit Markersignal und einem erwünschten Verstärker, wie zum Beispiel Futter, welches Verhalten gewünscht ist.

Positive Verstärkung

Bei der positiven Verstärkung folgt auf das Verhalten des Pferdes etwas Angenehmes. Das kann zum Beispiel Futter sein, eine ausführliche Krauleinheit oder eine Lieblingsübung. Auch das Signal für ein mittels positiver Verstärkung trainiertes Verhalten kann ein Verstärker sein, da es ein Leckerchen ankündigt. Das Pferd lernt, dass es durch sein Verhalten etwas Erwünschtes erreichen kann.

Bekannt ist die positive Verstärkung oft auch unter dem Begriff Clickertraining. Der Begriff Clickertraining entstand in den 1980er-Jahren, als das Training mit positiver Verstärkung Einzug in das Hundetraining hielt. Als Markersignal fand zu der Zeit ein Kinderspielzeug – ein metallischer Knackfrosch – Verwendung, auf dessen »Click«-Geräusch sich der Begriff Clickertraining bis heute bezieht.

Dabei ist weder der Clicker noch das »Click«-Geräusch Bedingung für das Training mit positiver Verstärkung. Das bekannteste Markersignal ist wohl die Pfeife, mit der zum Beispiel Zootiertrainer den Tieren bei Vorführungen mitteilen, dass sie gleich einen Fisch bekommen.

Im Gegensatz zur negativen Verstärkung, bei der das Pferd nur lernt, was es mindestens tun muss, damit der unangenehme Reiz entfernt wird, beginnt es bei der Arbeit mit positiver Verstärkung auszuprobieren, welches Verhalten zu einem Verstärker führen kann. Dieses kreative Ausprobieren ermöglicht es uns, Verhaltensweisen zu trainieren, die mit negativer Verstärkung nur schwer oder gar nicht vermittelt werden können.

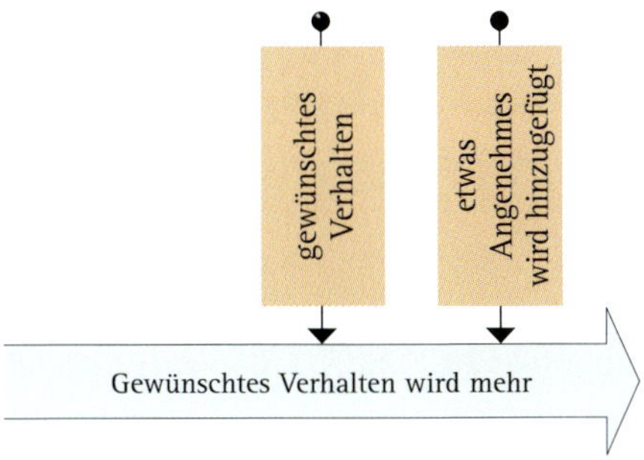

Durch Hinzufügen eines angenehmen Reizes wird das Verhalten bei der positiven Verstärkung häufiger.

Matching Law, Variable Verstärkung und Löschen

Im Gegensatz zur negativen Verstärkung, bei der der unangenehme Reiz jedes Mal beim Zeigen des gewünschten Verhaltens entfernt werden muss – schließlich kann die Hilfe sonst nicht erneut gegeben werden – haben wir beim Training mit positiver Verstärkung unterschiedliche Möglichkeiten. Um die verschiedenen Möglichkeiten besser zu verstehen, stellen wir Ihnen zunächst noch ein weiteres Lerngesetz vor: das Matching Law.

Matching Law – Das Gesetz der Anpassung
Das Gesetz der Anpassung beschreibt die Wahrscheinlichkeit, mit der ein Verhalten gezeigt wird, abhängig davon, wie oft es sich in der Vergangenheit gelohnt hat.

Markersignal

Wie Sie bereits im Kapitel »Der zeitliche Zusammenhang von Konsequenz und Verhalten« erfahren haben, ist es wichtig, dass die Konsequenz auf das Verhalten zeitnah erfolgt, damit das Pferd die richtige Verknüpfung lernen kann. In vielen Situationen ist es aber nicht möglich, den Verstärker direkt im Anschluss an das gewünschte Verhalten zu präsentieren.

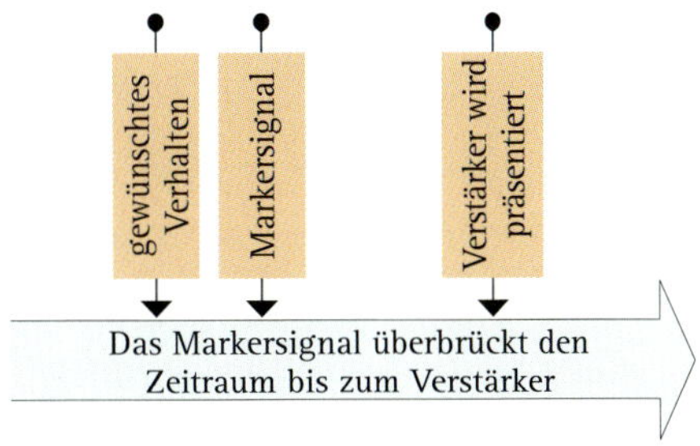

Das Markersignal überbrückt den Zeitraum zwischen Verhalten und Verstärker.

Mit Hilfe des Markersignals können Sie den exakten Moment markieren, in dem genau das gewünschte Verhalten gezeigt wird – zum Beispiel das Nachgeben im Genick – und dem Pferd damit vermitteln: »Genau das war richtig, gleich bekommst du dein Leckerchen.«

Findet das Pferd leckeres Futter in einem herumstehenden Eimer, wird es auch in Zukunft weitere Eimer in der Hoffnung auf Futter untersuchen.

Stellen Sie sich dazu wieder Ihr Pferd vor, mit dem Sie gerade durch die Stallgasse gehen. Dort stehen 10 Futtereimer herum, die andere Miteinsteller stehen gelassen haben. Ihr Pferd untersucht diese Eimer neugierig und findet in 3 von ihnen noch Futterreste, die anderen Eimer sind leer. In 30 % der Fälle hat es sich also für Ihr Pferd gelohnt, die Futtereimer zu untersuchen. 70 % der Zeit ist es leer ausgegangen. Vereinfacht gesagt kann man nun davon ausgehen, dass es sich auch in Zukunft bei 30 % der Versuche für das Pferd lohnen wird, herumstehende Eimer zu untersuchen.

Gehen wir nun weiter davon aus, dass Sie Ihrem Pferd jedes Mal ein Leckerchen geben, während es an einem Eimer vorbeiläuft, ohne ihn zu untersuchen. Zumindest haben Sie dies vor; einmal fällt Ihnen jedoch das Leckerchen herunter, einmal sind Sie zu langsam und einmal bemerken Sie den Eimer gar nicht. Ihr Pferd bekommt also bei 7 Eimern ein Leckerchen und bei 3 Eimern keines. In 70 % der Fälle hat es sich für Ihr Pferd gelohnt, den Eimer zu ignorieren.

Wenn Sie das nächste Mal durch die Stallgasse gehen, wird Ihr Pferd also 3 der 10 Eimer in Erwartung eines Fundes untersuchen und Sie bei den restlichen 7 Eimern in Erwartung eines Leckerchens freudig ansehen.

Wie Sie sich jetzt bereits sicher denken können, bestimmen also die vielen kleinen täglichen Erfolge und Misserfolge, welches Verhalten in der Zukunft erneut gezeigt wird.

Das Pferd entscheidet aufgrund seiner vergangenen Erfahrungen, wie viele Eimer es in Zukunft untersucht.

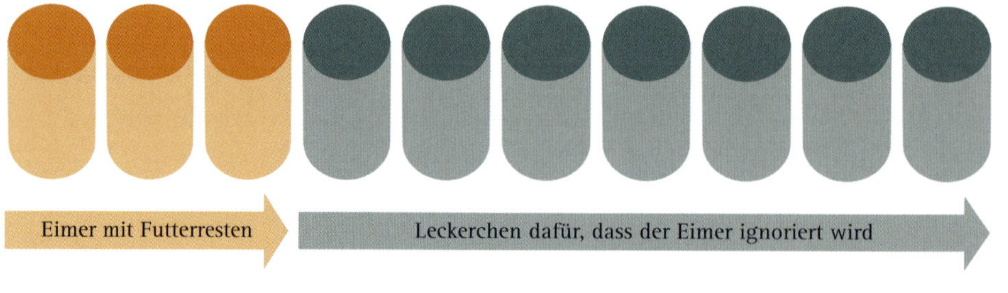

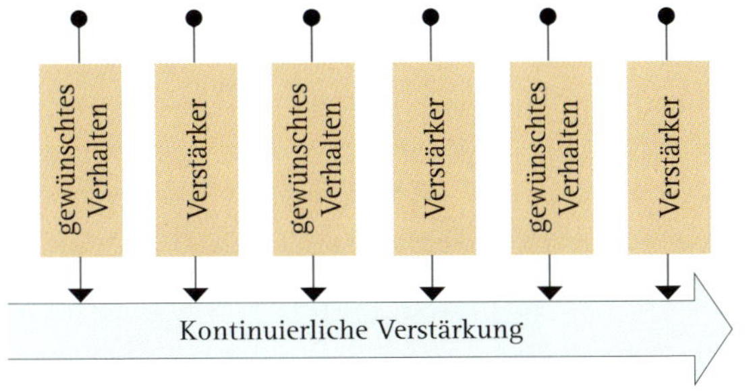

Bei der kontinuierlichen Verstärkung wird das gewünschte Verhalten bei jedem Auftreten verstärkt.

Kontinuierliche Verstärkung

Kommen wir nun wieder zurück zur positiven Verstärkung im Training. Die einfachste Variante ist es, das gewünschte Verhalten bei jedem Auftreten zu verstärken. Beim Training des Kopfsenkens bekommt das Pferd dann zum Beispiel jedes Mal ein Leckerchen, sobald es den Kopf auf Signal senkt. Das Kopfsenken auf Signal lohnt sich also 100 % der Zeit.

Besonders sinnvoll ist der Einsatz der kontinuierlichen Verstärkung für Verhaltensweisen, die das Pferd immer und in jeder Situation zuverlässig ausführen soll, wie zum Beispiel das Anhalten oder Stillhalten beim Tierarzt. Kontinuierliche Verstärkung führt zu sehr zuverlässigem Verhalten.

Variable Verstärkung

Bei der variablen Verstärkung hingegen lohnt sich das Verhalten nur manchmal. Wie in dem Beispiel mit den Eimern funktioniert auch das Glücksspiel – die verschiedenen Spiele sind so gestaltet, dass es eine gewisse Chance gibt, zu gewinnen. Weil man aber nie genau weiß, wann es denn so weit ist, wird das Verhalten wieder und wieder gezeigt. Die variable Verstärkung kann sehr mächtig sein und dazu führen, dass Verhalten für einen einzigen Verstärker hunderte Male gezeigt wird. Variable Verstärkung macht Verhalten löschungsresistent.

Bei der variablen Verstärkung wird das gewünschte Verhalten nur unregelmäßig verstärkt.

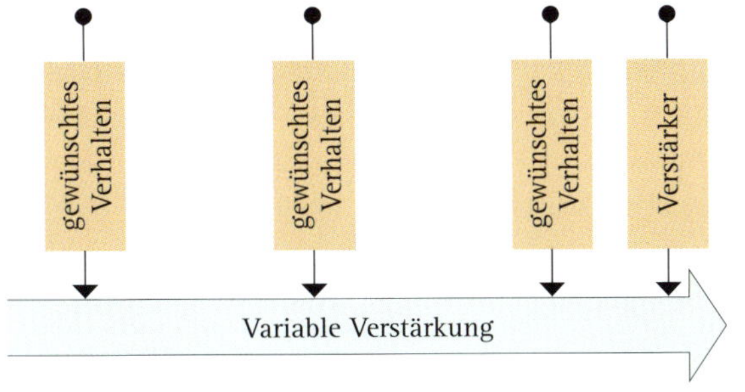

Läuft das Pferd davon, statt sich mit dem Ball zu beschäftigen, ist es ein deutliches Zeichen dafür, dass es die aktuelle Situation lieber meiden möchte.

Die (variable) Verstärkung von Meideverhalten
Wie Sie sich an dieser Stelle sicher bereits denken können, gelten die gerade beschriebenen Gesetzmäßigkeiten natürlich nicht nur für die positive Verstärkung, sondern auch für negative Verstärkung und Meideverhalten. Gehen wir dazu wieder vom Beispiel des Pferdes aus, das sich beim Anblick des Tierarztes losreißt und davonläuft. Selbst wenn es kurz darauf wieder eingefangen und doch geimpft wird, hat sich das Verhalten »Losreißen« im ersten Moment gelohnt. Sogar wenn das nur bei einem von 10 Tierarztbesuchen funktioniert, wird das Pferd das Losreißen dauerhaft als Verhaltensalternative abspeichern. Stellt das Pferd vielleicht auch noch fest, dass der Tierarzt einen großen Sprung zur Seite macht, sobald es mit dem Hinterbein in seine Richtung droht, hat es schon zwei funktionierende Handlungsalternativen für sich gefunden. Wie häufig es in Zukunft darauf zurückgreift, ist wiederum eine Frage des Matching Law.

Derselbe Mechanismus gilt beim Schnappen, um Berührungen zu vermeiden, beim Herumtänzeln an der Aufstiegshilfe, beim Drohen, sobald ein bestimmter Körperteil geputzt werden soll, beim Durchgehen bei Ansicht des Traktors und in vielen anderen Situationen. Sie sehen, dass auch diese diversen – oft als unhöflich oder dominant bezeichneten – Verhaltensweisen für das Pferd in der gegebenen Situation immer eine wichtige Funktion erfüllen! Wollen wir diese Verhaltensweisen also langfristig ändern, hilft es nicht, diese einfach nur zu bestrafen.

Wäre es nicht deutlich besser, wenn das Pferd dem Tierarzt durch ein Kopfsenken mitteilen könnte, dass es noch einen kurzen Moment Bedenkzeit benötigt, statt sich loszureißen oder anzugreifen? Wie das geht, dazu kommen wir im Kapitel »Das Initiatorsignal bzw. Kooperationssignal«.

Das Löschen
Um diesen Abschnitt zu vervollständigen, betrachten wir nun die letzte Gesetzmäßigkeit: das Löschen. Vom Löschen reden wir dann, wenn ein Verhalten nicht mehr verstärkt und dadurch nach und nach immer seltener gezeigt wird. In Bezug auf das Matching Law kann man es sich also so vorstellen, dass es für das Verhalten eine Wahrscheinlichkeit von annähernd null Prozent gibt, einen Verstärker zu erhalten.

Allerdings sind beim Löschen einige Dinge zu beachten. Dazu gehört zunächst einmal die spontane Erholung. Diese beschreibt den Moment, in dem ein zuvor nicht mehr verstärktes Verhalten scheinbar plötzlich wieder zum Vorschein kommt. Dies trifft dabei in gleichen Teilen auf unerwünschtes Verhalten zu, für das Sie bereits Alternativen trainiert haben, wie auf erwünschtes Verhalten, das Sie im wahrsten Sinne des Wortes aus Versehen wegtrainiert haben. Des Weiteren ist der Begriff Löschen irreführend, da das Verhalten ja nicht aus dem Verhaltensrepertoire des Pferdes verschwindet, sondern sich nur die Wahrscheinlichkeit, einen Verstärker zu erhalten, für das Pferd verringert hat.

Des Weiteren gibt es den Löschungstrotz. Wird ein Verhalten nicht mehr verstärkt, werden zunächst einmal die Bemühungen intensiviert, mit diesem Verhalten doch noch den gewohnten Verstärker zu erhalten. Das bedeutet, dass das Verhalten für eine gewisse Zeitspanne intensiver und häufiger gezeigt wird, bevor es beginnt, seltener zu werden. Besonders hartnäckig hält sich ein Verhalten, wenn es nach einer langen Phase der Nicht-Verstärkung mitten im Löschungstrotz einmalig verstärkt wird. In diesem Moment lernt das Pferd nämlich vorrangig, dass es sich lohnt, einfach lang genug dranzubleiben – man hat ganz aus Versehen Dauer und Intensität trainiert.

Beim Bettelverhalten erleben wir den Löschungstrotz am häufigsten, sei es durch besonders niedliches Gucken oder auch Scharren oder dem beherzten Biss in die Futtertasche.

Das letzte und größte Problem mit dem Löschen ist, dass das Pferd, genau wie beim Einsatz von Strafe, zunächst einmal keine Information darüber erhält, welches Verhalten denn erwünscht ist. Als alleiniger Trainingsansatz macht es daher keinen Sinn. Dennoch ist es wichtig, seine Mechanismen zu verstehen, um die Reaktionen des Pferdes richtig deuten zu können.

Ignorieren allein ist noch kein Löschen
Sie haben sicherlich bereits schon einmal den Ratschlag bekommen, unerwünschtes Verhalten einfach zu ignorieren, da es sich dann nicht lohnt und mit der Zeit weniger wird. Ganz so einfach ist es in der Praxis allerdings nicht. Jedes Verhalten, welches das Pferd zeigt, erfüllt in diesem Moment eine wichtige Funktion. Sei es, weil das Pferd so etwas Unangenehmes vermeiden kann oder weil sich das Verhalten in der Vergangenheit schon oft gelohnt hat.

Warten Sie nicht, bis Ihr Pferd solch deutliche Abwehrreaktionen zeigen muss, sondern reagieren Sie bereits auf die vorhergehenden Stressanzeichen.

Besonders beim angstbasierten Meideverhalten reichen bereits wenige Verknüpfungen aus, um es langfristig in das Verhaltensrepertoire des Pferdes aufzunehmen. Genauso wie wir spätestens, nachdem wir zum zweiten Mal auf die heiße Herdplatte gefasst haben, ganz sicher gelernt haben, dass das keine allzu gute Idee ist. Um diese Verknüpfung nun wieder zu löschen, bräuchte es hunderte oder sogar tausende Wiederholungen ohne unangenehme Konsequenz. Aus diesem Grund ist, wie Sie sich sicher vorstellen können, auch die Gegenkonditionierung bei bereits stark negativ vorbelasteten Situationen sehr schwierig.

Ignorieren funktioniert also nur, wenn Ihre Aufmerksamkeit der Verstärker ist. Kommen die Verstärker und die Strafen aus der Umgebung oder sogar von innen, was zum Beispiel bei Schmerzen bei bestimmten Bewegungen der Fall sein kann, hilft Ihnen das Ignorieren nicht weiter.

Würden Sie nun einfach nur versuchen, die unerwünschten Verhaltensweisen zu ignorieren – das bedeutet keinerlei Reaktion, auch kein Ausweichen, kein Schimpfen, kein Umlenken, kein Angebot für ein Alternativverhalten – können Sie damit immer noch nicht sicherstellen, dass das Verhalten für das

Training als Win-Win-Situation

Unser Ziel sollte es sein, das Training des Pferdes so zu gestalten, dass der Anteil der von uns gewünschten Verhaltensweisen so groß ist wie möglich. Das ist eine Win-Win-Situation für beide Seiten. Wir bekommen nur erwünschte Verhaltensweisen und ein freudig mitarbeitendes Pferd, und das Pferd bekommt für alles, was es tut, etwas, das sich lohnt. Welchen Anteil daran variabel oder kontinuierlich verstärkte Verhaltensweisen ausmachen, ist eine Frage der Priorisierung. Im Umgang mit angstbasierten Verhaltensweisen reicht es nicht aus, diese einfach nur zu ignorieren. Es ist wichtig, dem Pferd Handlungsalternativen beizubringen.

Das Training sollte sich für das Pferd zu jeder Zeit lohnen.

Pferd in diesem Moment keine Funktion mehr erfüllt. Selbst wenn es nur um ein Ohrenanlegen geht, wenn der Tierarzt sich nähert und dieser den Bruchteil einer Sekunde innehält, hat sich das Verhalten für das Pferd weiterhin gelohnt und wird weiter gefestigt. Konzepte für den sinnvollen Umgang mit unerwünschtem Verhalten finden Sie im Abschnitt »Systematische Desensibilisierung und Gegenkonditionierung«.

Verhalten objektiv beschreiben

Für jeden guten Trainer ist die Fähigkeit unverzichtbar, Verhalten objektiv beschreiben zu können. Es wird, egal ob es darum geht, ein problematisches Verhalten zu ändern oder neue Verhaltensweisen zu trainieren, immer eine klare Beschreibung davon benötigt, wie das Verhalten aktuell aussieht und wie es in Zukunft aussehen soll. Nur so ist es möglich, Kriterien und Zwischenschritte zu definieren, die schließlich in einen konkreten Trainingsplan umgewandelt werden können.

Schubladendenken

Bei der Beschreibung von Sachverhalten neigen wir dazu, sie zu interpretieren und sie mit sogenannten Labels (auf Deutsch: Etiketten) zu versehen. Das Pferd ist dann stur, dominant, ängstlich, freundlich oder kindersicher und der Besitzer dazu schüchtern, forsch, durchsetzungsfähig oder inkonsequent. Diese kategorialen Beschreibungen dienen im Alltag dazu, eine Sachlage einfach und bildhaft zu beschreiben, sodass sich der Gesprächspartner etwas darunter vorstellen kann. Was der Gegenüber dann aber wirklich mit der Beschreibung verbindet, können wir nur erahnen.

Wenn ein Pferd beißt, kann es dafür viele unterschiedliche Gründe geben.

Ein weiteres Problem mit Labels sind sogenannte Zirkelschlüsse. Stellen Sie sich dazu das folgende Gespräch vor, dass Sie im Reiterstübchen am Nebentisch hören.

Reiter A: »Mein Pferd ist so dominant.«
Reiter B: »Wieso ist Dein Pferd dominant?«
Reiter A: »Weil es beißt.«
Reiter B: »Und warum beißt es?«
Reiter A: »Weil es dominant ist.«
Reiter B: »Und warum ist es dominant?«
Reiter A: »Weil es beißt ...«

Sie sehen, dass sich das Gespräch im Kreis dreht. Anschließend wissen wir nicht mehr über das Pferd, als dass es beißt. Doch wen beißt es? Wann? Wie oft? In welcher Situation? Seit wann? Das Pferd als dominant zu beschreiben, hilft uns nicht, die Ursachen für das Beißen herauszufinden oder ein Alternativverhalten zu trainieren und dessen Erfolg zu bewerten. Wir müssen uns also darin üben, Verhalten genau zu beobachten und objektiv zu beschreiben. Nur so können wir einen passenden Trainingsplan erstellen oder notwendige Änderungen an der Umgebung vornehmen.

Das Trainings-ABC

Mit diesem Wissen im Hinterkopf sind wir nun in der Lage, Verhalten und seinen Zusammenhang genau zu beschreiben. Dazu wird allgemein das ABC-Schema genutzt, das wir Ihnen im Folgenden genauer vorstellen wollen.

A – steht für Antecedent (engl.) bzw. Ankündigung/Signal, also das, was vor dem Verhalten passiert.
B – steht für Behavior (engl.) bzw. Verhalten, und zwar genau das Verhalten, welches wir beschreiben wollen.
C – steht für Consequence (engl.) bzw. Konsequenz, also das, was nach dem Verhalten passiert.

ABC steht für Signal, Verhalten und Konsequenz.

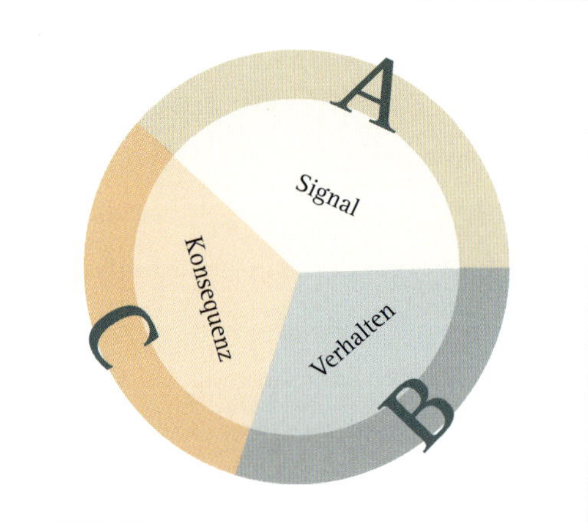

Wie Sie sehen, machen diese Buchstaben im Englischen etwas mehr Sinn und ergeben daher eine schöne Eselsbrücke. Daher bleiben wir in diesem Abschnitt auch bei den Abkürzungen. Wenn wir nun also ein Verhalten im ABC-Schema beschreiben wollen, nehmen wir die drei folgenden Fragen zur Hilfe.

Zu den Veränderungen in der Umwelt gehören neben Gegenständen auch Körpersprache und Signale des Menschen.

A – Was passiert vor dem Verhalten im Umfeld des Pferdes?
B – Wie reagiert das Pferd? Welches Verhalten zeigt es?
C – Was passiert nach dem Verhalten im Umfeld des Pferdes?

Zum Umfeld des Pferdes gehören dabei alle Änderungen der Umgebung. Dazu gehören Umweltreize, Personen oder Tiere, die kommen oder gehen, Dinge, die sich verändern, alle direkten Interaktionen mit dem Pferd, unser eigenes Verhalten, unsere Körpersprache und vieles mehr. Es lohnt sich, genau hinzuschauen! Oft übersehen wir die kleinen oder für uns irrelevanten Dinge. Auch ein vorangegangenes Verhalten des Pferdes kann hier dazu zählen. Um dem Rahmen des Buches gerecht zu werden, sind daher auch die folgenden Beispiele sehr vereinfacht dargestellt.

Zur Veranschaulichung sehen wir uns wieder das Beispiel mit dem Pferd und den Äpfeln aus dem Abschnitt über Verstärkung und Strafe an. Zunächst einmal müssen Sie festlegen, welches Verhalten Sie genau beschreiben wollen. Der Einfachheit halber nehmen wir an dieser Stelle die Annäherung des Pferdes an den Weidezaun. Im nächsten Schritt sehen wir uns an, was vor dem Verhalten passiert ist. Auch hier bleiben wir aus Veranschaulichungsgründen bei einer sehr groben Beschreibung. Im Abschnitt über die Verstärkung warf die Nachbarin Äpfel über den Weidezaun zu den Pferden.

Die dritte Frage ist auf den ersten Blick am einfachsten zu beantworten, denn was tut das Pferd in unserem Beispiel? Natürlich, es frisst den Apfel. Doch ganz so einfach ist es nicht, denn wenn Sie sich an die ursprüngliche Definition erinnern, geht es bei der Konsequenz nicht in erster Linie um ein Verhalten des Pferdes, sondern eine Veränderung in der Umwelt – was wiederum auch ein Verhalten des Pferdes beinhalten kann. An dieser Stelle könnten wir also zunächst beschreiben, dass ein Apfel vor dem Pferd liegt. Dies ist nur eine von vielen Möglichkeiten und beschreibt zum Beispiel noch nicht, ob und wie das Pferd den Apfel überhaupt wahrnimmt und vieles mehr.

A – Die Nachbarin wirft Äpfel über den Zaun zu den Pferden.
B – Das Pferd nähert sich dem Zaun.
C – Ein Apfel liegt vor dem Pferd (und kann gefressen werden).

Wie immer sind auch hier die Übergänge natürlich fließend. Je nachdem mit welchem Filter man das Verhalten betrachtet, können diese Verhaltensbeschreibungen beliebig detailliert und komplex werden. Auch die unterschiedlichen wissenschaftlichen Fachrichtungen beschreiben verschiedene Verhaltensnuancen und wenden daher komplett unterschiedliche Beschreibungsformen an.

Rahmenbedingungen und Vermutungen
Um unser ABC zu vervollständigen, fehlen noch zwei weitere Punkte. Damit wir das Verhalten des Pferdes besser verstehen können, macht es in vielen Fällen Sinn, die Umgebung noch etwas genauer mit den relevanten Informationen zu beschreiben. Dazu fügen wir dem ABC noch einen weiteren Punkt hinzu, die Situationsbeschreibung. Und da wir nicht nur ein Verhalten beschreiben, sondern auch eine Prognose darüber abgeben wollen, ob das Verhalten in Zukunft häufiger oder seltener gezeigt wird, fügen wir zum Schluss noch unsere Vermutung hinzu.

Dazu betrachten wir zunächst, ob etwas der Umgebung hinzugefügt (+) oder daraus entfernt (-) wurde. Im Beispiel taucht der Apfel sozusagen aus dem Nichts vor dem Pferd auf, daher wird er hinzugefügt. Als nächstes stellen wir eine Vermutung darüber auf, ob sich diese Konsequenz für das Pferd gelohnt hat oder nicht. Wir fragen uns, ob das Pferd in Zukunft erneut zum Zaun gehen wird, um einen Apfel zu finden. In diesem Fall wird das Verhalten häufiger, es wird verstärkt. Wäre unsere

Beschreiben Sie nach Möglichkeit nicht nur das aktuelle Verhalten des Pferdes, sondern auch alle Dinge, die in seinem Umfeld geschehen.

Vermutung, dass das Pferd in Zukunft seltener zum Zaun geht, gehen wir davon aus, dass das Verhalten bestraft wurde. Im Beispiel handelt es sich demnach um positive Verstärkung.

Situation – Ein junges Pferd steht seit einigen Tagen auf einer neuen Weide, an der zum ersten Mal in seinem Leben Spaziergänger vorbeikommen.

A – Die Nachbarin wirft Äpfel über den Zaun zu den Pferden.
B – Das Pferd nähert sich dem Zaun.
C – Ein Apfel liegt vor dem Pferd (und kann gefressen werden).
Vermutung – Das Pferd wird in Zukunft häufiger zum Zaun gehen (Positive Verstärkung).

Vermeiden Sie es, Geschichten zu erzählen
Achten Sie darauf, die Änderungen in der Umgebung immer mit zu beschreiben, wenn Sie ein Verhalten Ihres Pferdes untersuchen. Sobald Sie feststellen, dass Sie in Ihrer Beschreibung nur unterschiedliche Verhaltensweisen Ihres Pferdes aneinanderreihen, erzählen Sie nur noch eine Geschichte. Das erfordert zwar ein wenig Übung, wird Ihnen aber mit der Zeit immer leichter fallen. Probieren Sie es doch am besten direkt am Beispiel des Pferdes, das den Stromzaun berührt, aus! Dazu können Sie sich an der folgenden Checkliste orientieren.

Ein Schritt nach dem anderen – das passende Kriterium

Wie Sie im vorherigen Abschnitt bereits festgestellt haben, ist es wichtig, Verhalten so genau wie möglich zu beschreiben. Dasselbe gilt auch für unseren Trainingsplan, über den Sie im Kapitel »Der Trainingsplan« noch mehr erfahren. Nachdem Sie Ihr Zielverhalten

Checkliste: Trainings-ABC

Um ein Verhalten nachvollziehbar und objektiv zu beschreiben, können Sie sich an den folgenden Leitfragen orientieren:

Situation – In welchem Kontext findet das Verhalten statt?

A – Was passiert vor dem Verhalten (im Umfeld des Pferdes)? Wird etwas hinzugefügt oder entfernt?
B – Wie reagiert das Pferd? Welches Verhalten zeigt es?
C – Was passiert nach dem Verhalten (im Umfeld des Pferdes)? Wird etwas hinzugefügt oder entfernt?

Vermutung – Wird das Verhalten des Pferdes in Zukunft häufiger oder seltener auftreten? (Verstärkung oder Strafe)

Ein klares Kriterium ist sowohl für das Pferd als auch für den Menschen wichtig.

ausführlich beschrieben haben, gilt es, mögliche Schritte auf dem Weg dorthin zu identifizieren und in trainierbare Einzelziele zu unterteilen. Auch diesen Punkt möchten wir Ihnen gerne an einem Beispiel verdeutlichen. Stellen Sie sich dazu das folgende Trainingsziel vor.

Auf das Signal »Hand auf dem Widerrist« hin, senkt das Pferd den Kopf bis auf 10 cm zwischen Nüstern und Boden und bleibt dort, solange die Hand auf dem Mähnenkamm liegt.

Dieses Zielverhalten kann das Pferd natürlich nicht direkt. Nachfolgend finden Sie einige Zwischenschritte, die nötig sein können, um das Verhalten zu trainieren. Im Idealfall bauen diese so aufeinander auf, dass sie für das Pferd logisch sind.

- Das Pferd senkt den Kopf um 10 cm (betrachtet wird dabei die Höhe des Ohrenansatzes).
- Das Pferd senkt den Kopf bis auf Buggelenkshöhe.
- Das Pferd senkt den Kopf bis auf 10 cm über den Boden (betrachtet wird dabei die Position der Nüstern).
- Das Pferd senkt den Kopf um 10 cm, während die Hand auf dem Mähnenkamm liegt.
- Das Pferd senkt den Kopf auf Buggelenkshöhe, während die Hand auf dem Mähnenkamm liegt.
- Das Pferd senkt den Kopf bis auf 10 cm über den Boden, während die Hand auf dem Mähnenkamm liegt.
- An dieser Stelle können Sie beliebig viele weitere Schritte einfügen.

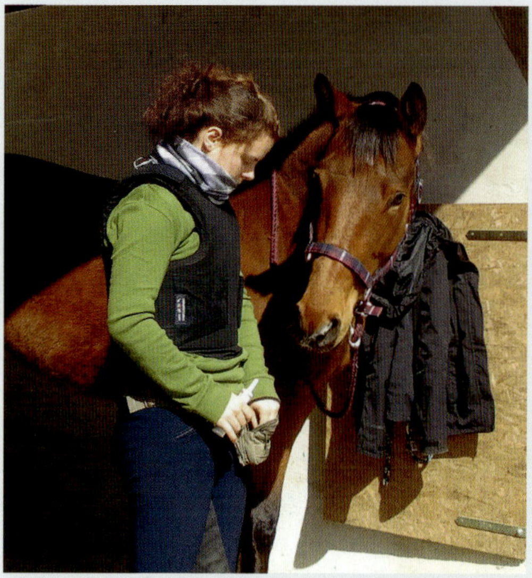

Greifen Sie immer dann in die Futtertasche, während Ihr Pferd sich dieser annähert, verstärken Sie dieses Verhalten ebenfalls.

Sie sehen, dass die gewählten Schritte nur zur Verdeutlichung dienen. Es können beliebige weitere Zwischenschritte einfügt oder Kriterien verändert werden. Nicht jedes Pferd wird im Training genauso reagieren wie die anderen und benötigt daher gegebenenfalls einen überarbeiteten Trainingsplan.

Timing – der Schlüssel zum erfolgreichen Lernen

Bereits im Abschnitt zu »Die Konsequenz des Verhaltens – Verstärkung und Strafe« haben Sie erfahren, dass eine Konsequenz nur dann eine Auswirkung auf das zukünftige Verhalten hat, wenn sie zeitnah erfolgt.

Kopfsenken

Um das Pferd zum Kopfsenken zu animieren, stehen Ihnen verschiedene Möglichkeiten zur Verfügung. Dazu können Sie zum Beispiel abwarten, bis das Pferd den Kopf ein Stück senkt und diesen Moment mit Markersignal und Leckerchen markieren. Sie können Ihr Pferd auch mit einem Leckerli nach unten locken, ein Target (mehr zum Thema finden Sie im Abschnitt »Targets«) auf den Boden legen, das Pferd mit der Hand am Mähnenkamm kraulen oder eine Strickanfrage nutzen. Für welche dieser Varianten Sie sich entscheiden, hängt von Ihrem Vorwissen und dem Ihres Pferdes ab.

Bereits das Kraulen am Mähnenkamm kann das Pferd dazu veranlassen, den Kopf ein Stück zu senken.

Sobald das Pferd eine zuverlässige Tendenz zeigt, den Kopf zu senken, können Sie die Hilfe nach und nach ausschleichen. Eventuell reicht es, mit den Fingern ein Leckerchen anzudeuten oder nur noch in Richtung Mähnenkamm zu zeigen, statt ihn zu berühren. Sie können das Target am Boden verkleinern und entfernen und die Berührung am Strick durch ein Vorlehnen Ihres Körpers ersetzen.

Mit dem Begriff Timing (engl.) ist dabei der Zeitpunkt gemeint, an dem Sie Verstärker oder Strafe präsentieren. Damit die Konsequenz mit dem richtigen Verhalten verknüpft wird, ist es wichtig, dass sie nach dem Beginn des Verhaltens erfolgt, nicht davor. Ebenfalls darf der zeitliche Abstand nicht zu groß sein. In diesem Fall ist sie nämlich eine Konsequenz für ein anderes Verhalten.

Lassen Sie uns auch das an einem weiteren Beispiel verdeutlichen. Dabei betrachten wir die Auswirkung auf das Verhalten des Pferdes, wenn der Mensch in seine Futtertasche greift. In allen Fällen ist das Trainingskriterium ein Pferd, das mit allen vier Hufen am Boden und ruhig geradeausgetragenem Kopf neben dem Menschen steht, der eine Futtertasche um den Bauch trägt. Dabei scharrt das Pferd im Beispiel zunächst mit dem Vorderhuf und steht anschließend für einige Sekunden ruhig, bevor es beginnt, die Futtertasche mit den Zähnen zu untersuchen. Sobald das Pferd das gewünschte Verhalten zeigt, präsentiert der Mensch ein Leckerchen.

- Zu früh – Während das Pferd scharrt, greift der Mensch in die Futtertasche, um das Futter rechtzeitig bereit zu halten. Das Pferd registriert den Griff in die Futtertasche und verknüpft: Scharren = Futter.
- Zu spät – Das Pferd scharrt eine Weile und steht anschließend für einige Sekunden ruhig. Der Mensch hat vergessen – die Futtertasche zu öffnen und braucht einen Moment, um das Leckerchen herauszusuchen. Inzwischen ist das Pferd ungeduldig geworden und beginnt erneut damit, zu scharren. Das Pferd verknüpft: Scharren = Futter.
- Passend – Das Pferd scharrt eine Weile und steht anschließend still. Der Mensch wartet einen kleinen Augenblick – mindestens drei bis vier Sekunden –, ob das Pferd wirklich ruhig steht und füttert das Leckerchen. Das Pferd verknüpft: Ruhiges Stehen = Futter.

Gutes Timing entscheidet über Erfolg und Misserfolg im Training.

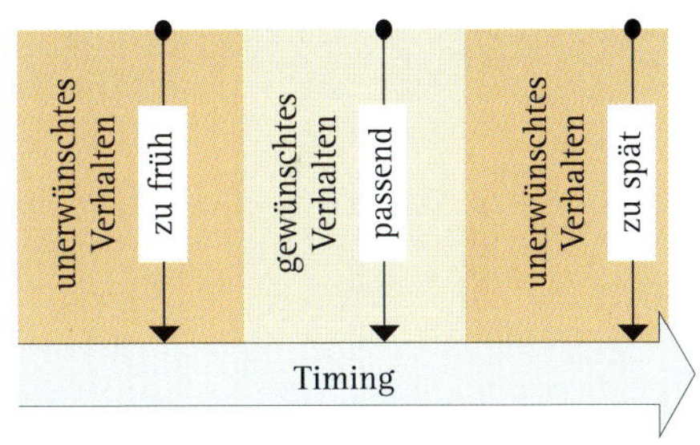

Futtermanieren

Ahnen Sie bereits, warum so viele Pferde keine guten Futtermanieren haben? In den seltensten Fällen ist das Pferd dabei absichtlich unhöflich, oft hat es die unhöflichen Verhaltensweisen einfach durch unpassendes Timing des Menschen gelernt.

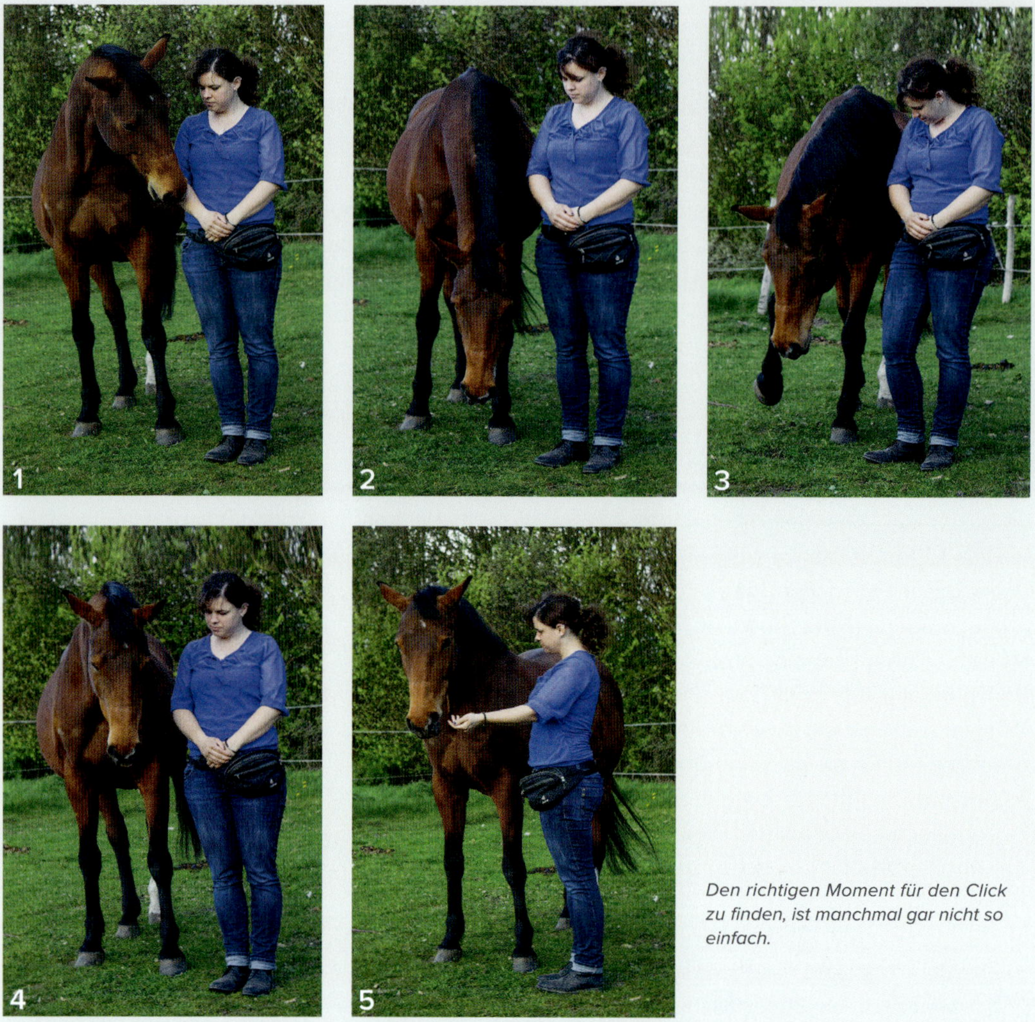

Den richtigen Moment für den Click zu finden, ist manchmal gar nicht so einfach.

Die Verstärkungsrate ist wie eine Waagschale von verstärkten und nicht verstärkten Verhaltensangeboten.

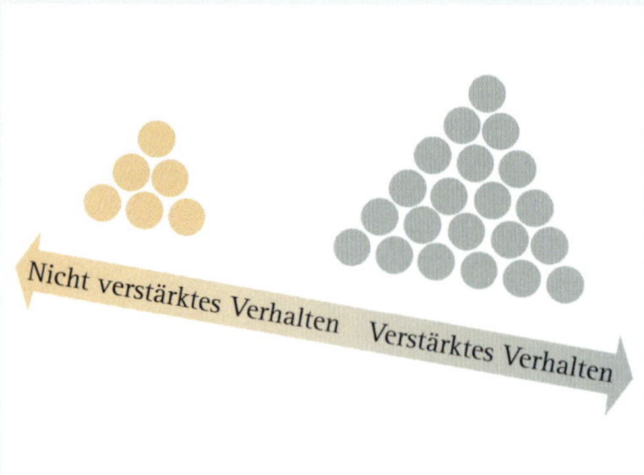

Verstärkungsrate

Eng verknüpft mit dem Timing ist die Verstärkungsrate. Damit ist die Anzahl und die Häufigkeit gemeint, in der die Verstärker gegeben werden. Stellen Sie sich das Ganze wie die zwei Seiten einer Waage vor. Auf die eine Seite der Waagschale legen wir alle Verhaltensangebote, die das Pferd macht. Auf die andere Seite der Waage legen wir die Information, wie viele Verhaltensweisen des Pferdes verstärkt wurden.

Stellen Sie sich vor, dass wir gemeinsam ein Pferd-Mensch-Paar auf dem Putzplatz für eine Minute beobachten und die gezeigten Verhaltensweisen in grober Form notieren. Während wir das Geschehen beobachten, senkt das Pferd 1-mal den Kopf, um am Boden nach Grashalmen zu angeln, beißt 3-mal in den Anbindebalken aus Holz, winkelt 2-mal einen Hinterhuf an, um kurz zu Dösen, scharrt 2-mal mit dem Vorderhuf, giftet 1-mal das daneben angebundene Pferd an und nähert sich 2-mal der Futtertasche des Menschen (woraufhin es 1-mal ein Leckerchen bekommt, weil es dabei so lieb guckt). Außerdem bekommt es 4-mal ein Leckerchen, wenn es ruhig steht.

Der Einfachheit halber betrachten wir hier nur die Fälle, in denen das Pferd vom Menschen ein Leckerchen bekommt. Im Beobachtungszeitraum zeigt es 15 Verhaltensweisen – an dieser Stelle zählt das ruhige Stehen dazu – und erhält 5 Leckerchen. Jedes dritte Verhalten wird verstärkt. Die Verstärkungsrate ist 1:3. Andersherum ausgedrückt: Das Pferd erhält für 66 Prozent seiner Verhaltensangebote keine Verstärkung!

(Ganz vollständig ist diese Aussage natürlich nicht, denn auch das erwischte Gras oder das Nachbarpferd, das nach dem Angiften etwas mehr Abstand hält, sind natürlich Verstärker. Für dieses Beispiel geht diese ausführliche Betrachtung allerdings zu weit.)

Um beim Training erfolgreich zu sein, ist es wichtig, eine hohe Verstärkungsrate zu haben. Das Pferd sollte nach Möglichkeit immer erfolgreich sein! Einfache Kriterien und kleine Schritte sind dafür die beste Voraussetzung. Macht Ihr Pferd bei mehr als 2 von 10 Durchgängen einen Fehler, sollten Sie Ihren Trainingsplan anpassen und zumindest in dieser Einheit die Anforderungen senken.

Verhalten ins Rollen bringen – Verhaltensmomentum

Sie kennen es sicher gut von sich selbst, dass es eine Weile dauert, sich zu einer schwierigen Tätigkeit zu überwinden. Auch die Vorbereitung auf eine anspruchsvolle, sportliche Übung beginnt im Regelfall immer mit dem gewissenhaften und langsamen Aufwärmen. Einfache Tätigkeiten fallen hingegen leicht und werden daher mit Freude wiederholt. Beginnen Sie daher mit einfachen Aufgaben, und steigern Sie die Schwierigkeit nur so weit, dass Ihr Pferd weiterhin mit Freude und Motivation bei der Sache ist. Auch nach anstrengenden Aufgaben sind einige leichte Übungen eine willkommene Abwechslung.

Sag mir, was du willst – Signale

Im Trainingsalltag werden Ihnen wahrscheinlich am häufigsten die Begriffe Hilfen und Kommandos begegnen. Beide sind mit unterschiedlichen Bildern und Begriffsdefinitionen assoziiert. Der Begriff Hilfe bezeichnet dabei in der Regel eine Handlung des Menschen, die dem Pferd helfen soll zu verstehen, was aktuell gefordert ist. Am bekanntesten sind dabei natürlich die Reiterhilfen wie Gewichtshilfen, Schenkelhilfen oder Zügelhilfen. Bei der Bodenarbeit wird dagegen oft von Kommandos gesprochen, die eine Aufgabe beschreiben. Im Bereich der Lerntheorie sprechen wir allgemein von Signalen.

Das Signal

Stellen Sie sich Signale vor, wie die verschiedenen Leuchten an einer Ampel. Die unterschiedlichen Farben signalisieren uns, welches Verhalten in der aktuellen Situation lohnenswert ist und welches nicht. Dabei zeigt uns das grüne Licht zum Beispiel, dass es

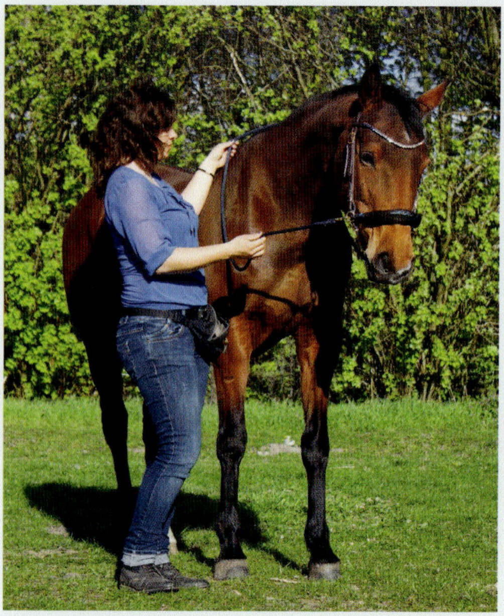

Die Zügelhilfen gehören wohl zu den bekanntesten Signalen und können auf unterschiedliche Art und Weise trainiert werden.

sicher ist, die Straße zu überqueren, während das rote Licht signalisiert, dass es am meisten Sinn macht, stehenzubleiben. Das gelbe Signal hingegen ist ein Warnsignal, welches darauf hinweist, dass erhöhte Aufmerksamkeit geboten ist. Genau dieselbe Funktion haben Signale auch für unser Verhalten oder das unserer Pferde.

Signale sind wie die Lichter einer Ampel.

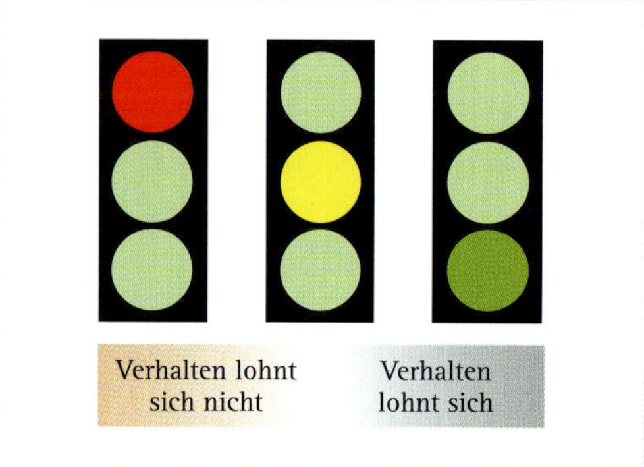

Ein Signal kann uns mitteilen, welches Verhalten lohnenswert ist. Wenn Sie sich an die vergangenen Abschnitte und Beispiele zurückerinnern, ist zum Beispiel die Nachbarin am Weidezaun ein Signal dafür, dass es sich lohnt zum Zaun zu kommen. Immerhin liegen dort mit großer Wahrscheinlichkeit Äpfel. In diesem Fall zeigt die Ampel ein grünes Licht. Der Weidezaun ist ein Signal dafür, dass es sich nicht lohnt, dem Zaun zu nah zu kommen. Die letzte Begegnung mit der Stromlitze war schließlich ziemlich schmerzhaft. Die Ampel steht auf Rot. Die gelbe Ampel können Sie sich zum Beispiel wie das Knacken des Stromzaunes oder das Geräusch des Fahrrades der Nachbarin vorstellen. Es lohnt sich genauer darauf zu achten, welche anderen Signale vorhanden sind.

Neben diesen Umgebungssignalen ist auch alles, was wir tun, sei es die Galopphilfe oder das Stimmkommando »Kompliment«, ein Signal für das Pferd. In manchen Fällen reicht auch schon unsere reine Anwesenheit beziehungsweise der Ort, an dem sich unser Körper befindet, um dem Pferd zu signalisieren »Geh dorthin, es lohnt sich.«

Signal vs. Kommando

Im Zusammenhang mit der positiven Verstärkung spricht man allgemein ausschließlich von Signalen und nicht von Kommandos. Das liegt daran, dass der Begriff Kommando oft den Beigeschmack von »Tu das, sonst hat es eine unangenehme Konsequenz für dich« hat, während ein Signal dem Pferd in diesem Kontext ausschließlich die Information vermittelt, für welches Verhalten aktuell ein Verstärker zur Verfügung steht. Dem Pferd ist es mehr oder weniger freigestellt, dieses Verhalten zu zeigen oder nicht. Folgt es dem Signal und zeigt das Verhalten, folgt der positive Verstärker als Konsequenz auf das erwünschte Verhalten.

Die Paletten sind ein Signal dafür, dass es sich lohnen kann, sich darauf zu stellen.

Bei der negativen Verstärkung verhält es sich etwas anders. Wenn Sie sich an das Beispiel mit dem Stromzaun zurückerinnern, erfolgt erst der Stromreiz bei Berührung, der anschließend bei vergrößerter Distanz aufhört. Der unangenehme Reiz ist also bereits vor dem Verhalten anwesend und die Verstärkung erfolgt in dem Moment, in dem der unangenehme Reiz entfernt wird. Das »Tu das, sonst …« hat also in diesem Kontext eine reale Bedeutung – zeigt das Pferd das gewünschte Verhalten nämlich nicht, bleibt der unangenehme Reiz anwesend. Daher sprechen wir in diesem Fall weiterhin von Kommando. Befolgt das Pferd das Kommando, wird der zuvor hinzugefügte, unangenehme Reiz als Konsequenz auf das erwünschte Verhalten entfernt.

Das Signal kündigt an, dass positive Verstärkung zur Verfügung steht.

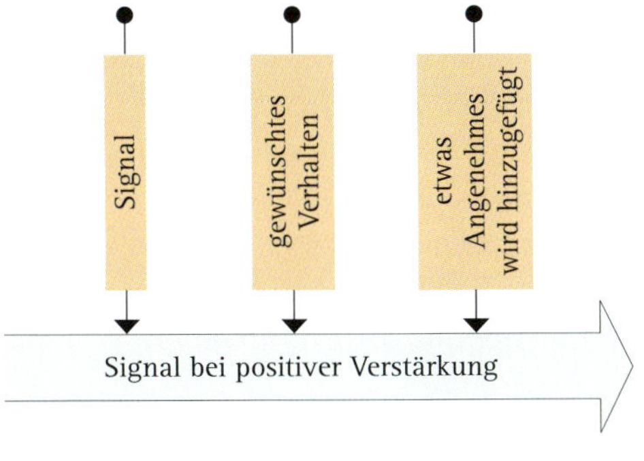

Ein Kommando kündigt an, dass auf das richtige Verhalten das Entfernen des unangenehmen Reizes folgt.

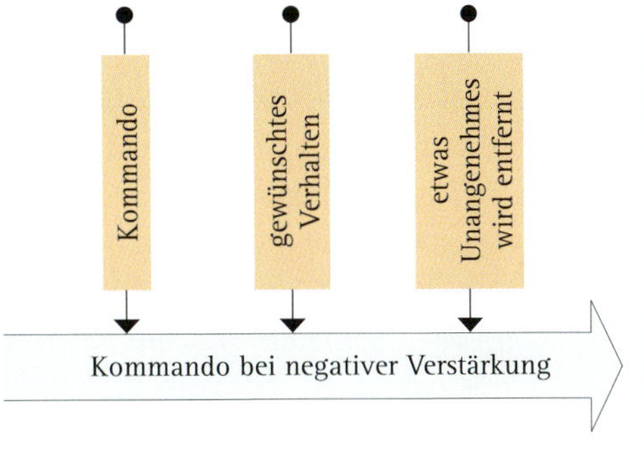

Doch was passiert, wenn das Pferd nicht wie gewünscht reagiert? Das kann zum Beispiel passieren, wenn das Pferd das Signal nicht verstanden oder mit einem für uns nicht erwünschten Verhalten verknüpft hat oder auch, wenn es aus einem für uns im ersten Moment nicht ersichtlichen Grund das gewünschte Verhalten nicht ausführen kann. Gerade bei gesundheitlichen Einschränkungen, Stress oder allgemein ängstlichen Pferden ist das oft der Fall. Schnell kommen dann Aussagen wie »Der weiß doch genau, was er machen soll!«, »Die ist heute aber wieder stur und zickig.«, »Der hat da halt keinen Spaß dran.« oder »Na klar, ein Pferd der Rasse XY kann das ja auch überhaupt nicht.«

Es ist also wichtig, dass wir genau hinterfragen, ob das Pferd das gegebene Signal überhaupt sicher kennt, ob es die Möglichkeit hatte, es wahrzunehmen – bei Stress ist zum Beispiel die Sensibilität für Berührungen stark eingeschränkt – und ob wir auch das Signal gegeben haben, das wir geben wollten.

Bleibt der Verstärker aus – im Fall der positiven Verstärkung – wechseln wir in den Bereich des Löschens. Das aktuelle Verhalten wird nach einer Weile als nicht zielführend oder lohnenswert abgespeichert und die Verknüpfung zwischen Signal und Verhalten im schlimmsten Fall im wahrsten Sinne des Wortes »gelöscht«.

Im Bereich der negativen Verstärkung können wir den Verstärker im Gegenzug dazu aber nicht unendlich vorenthalten, da der unangenehme Reiz schließlich bereits präsent ist. Würden wir zum Beispiel die Galopphilfe irgendwann aussetzen, da das Pferd nicht wie gewünscht angaloppiert, verstärken wir das, was das Pferd stattdessen tut, zum Beispiel

Reagiert das Pferd nicht wie gewünscht auf das Signal für den Galopp, kann der stärkere Einsatz der Peitsche schnell zur positiven Strafe werden.

weiter traben. Das bringt uns in eine Zwickmühle, da das Kommando ja nicht abgeschwächt werden und das Pferd weiterhin prompt reagieren soll. Die einzige weitere Möglichkeit ist, die Hilfe stärker zu geben, bis sie unangenehm genug ist, dass das Pferd reagiert. Je nach Intensität befinden wir uns in diesem Fall im Bereich der positiven Strafe.

Wie Sie sehen, ist es wichtig, Signale und Kommandos nur in einem Zusammenhang zu geben, in dem das Pferd auch wie gewünscht reagieren kann. Sonst kommen wir automatisch in den Bereich der Strafe mit all ihren Nebenwirkungen. Machen Sie es Ihrem Pferd nicht schwerer als nötig!

Signalkontrolle

Damit das Pferd zuverlässig auf ein Signal innerhalb einer angemessenen Zeitspanne mit dem gewünschten Verhalten reagieren kann, ist es wichtig, einige Grundregeln zu beachten. Lassen Sie sich dabei nicht von dem, zugegebenermaßen etwas sperrigen, Begriff Signalkontrolle abschrecken – es geht hier nicht darum, dass das Pferd all sein Verhalten nur noch wie ein Roboter auf Knopfdruck abspult!

Die vier Bedingungen für Signalkontrolle sind die Folgenden:

- Das Pferd zeigt auf das Signal hin das gewünschte Verhalten.
- Das Pferd zeigt auf das Signal hin kein anderes Verhalten.
- Das Pferd zeigt das Verhalten nicht auf ein anderes Signal hin.
- Das Pferd zeigt das Verhalten nicht ohne Signal.

Das klingt zunächst einmal ziemlich einschränkend, daher möchten wir auf die einzelnen Punkte noch etwas ausführlicher eingehen.

Das Pferd zeigt auf das Signal hin das gewünschte Verhalten – Stellen Sie sich zum Beispiel das Hufegeben vor. Ihr Pferd hat gelernt, Ihnen den Huf in die Hand zu geben, wenn Sie sich vorbeugen, das Röhrbein mit der Hand berühren und dazu »Gib Huf« sagen. (Im Grunde genommen sind das drei einzelne Signale oder ein Signal mit mehreren Bestandteilen, das können wir aber der Einfachheit halber an dieser Stelle vernachlässigen.) Sie können also Ihrem Pferd signalisieren, wann es Ihnen den Huf geben soll.

Das Pferd zeigt auf das Signal hin kein anderes Verhalten. Nun möchten Sie natürlich auch, dass Ihr Pferd Ihnen auf Ihr Signal hin genau den Huf des Beines gibt, das sie gerade berühren. Nicht den Huf auf der anderen Seite, nicht den Hinterhuf, wenn sie gerade am Vorderhuf stehen, und spanischer Schritt oder Kopfsenken sind ebenfalls nicht die passende Reaktion.

Der Targetstab signalisiert dem Pferd, welches Bein es zum spanischen Schritt heben soll.

Das Pferd zeigt das Verhalten nicht auf ein anderes Signal hin – Genauso macht es natürlich Sinn, wenn das Pferd den Huf nicht auf das Signal zum Kopfsenken hin anhebt. In diesem Fall kann man es natürlich ignorieren, da das Geben des Hufes im Normalfall niemandem schadet. Wenn das Pferd jede Bewegung als Signal zum Steigen oder Wälzen ansieht, wird es da allerdings schon kritischer. Auch Verhaltensweisen, die Anzeichen für gesundheitliche Probleme sind, wie zum Beispiel das als Lachen beliebte Flehmen, sollten nach Möglichkeit nur auf ein ganz konkretes Signal gezeigt werden.

Das Pferd zeigt das Verhalten nicht ohne Signal – An diesem Punkt kommt oft ein großes Aber!, denn schließlich dürfen unsere Pferde frei auf dem Paddock oder der Weide natürlich jedes Verhalten zeigen, das sie möchten. Denken Sie sich also noch den Zusatz »... in einer bestimmten Situation ...« an die vorher beschriebenen Leitsätze dazu.

Signaleinführung

Während es bei der negativen Verstärkung keine extra Signaleinführung gibt, da der unangenehme Reiz zeitgleich meistens auch das Kommando dafür wird, welches Verhalten gefordert ist, ist es bei der positiven Verstärkung nicht ganz so einfach. Natürlich gibt es auch hier bereits beim Training eines neuen Verhaltens ein Arbeitssignal, das kann die Umgebung sein, ein bestimmter Gegenstand, der verwendet wird, oder auch einfach die Information, welches Verhalten sich kurz davor gelohnt hat.

Um ein neues oder endgültiges Signal einzuführen, ist es daher wichtig, das Signal zum ersten Mal zu geben, wenn die Wahrscheinlichkeit sehr hoch ist, dass das Pferd kurz darauf das erwünschte Verhalten zeigt. Nur so kann eine erfolgreiche Verknüpfung hergestellt werden. Das vorherige Training eines sogenannten Standardverhaltens – also eines Verhaltens, das das Pferd immer zeigen kann, wenn es keine weitere Information erhält – vereinfacht diesen Prozess stark.

Das Signal wird eingeführt, sobald das Pferd das Verhalten zuverlässig zeigt.

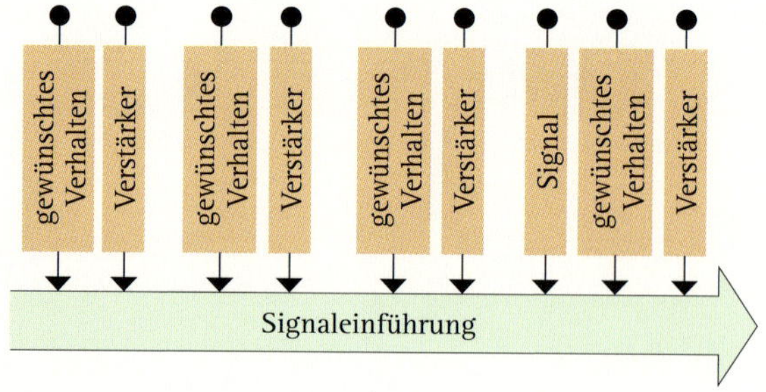

Vergiftete Signale

Die Signalkontrolle dient an allererster Stelle dazu, unser Verhalten für das Pferd so vorhersehbar und berechenbar wie möglich zu machen. Sind wir nämlich inkonsistent und inkonsequent in unseren Reaktionen, können wir das Pferd verunsichern und Signale vergiften. Das betrifft natürlich nicht nur Signale, die wir dem Pferd bewusst geben, sondern auch alle unbewussten Signale oder nicht beeinflussbare Signale aus der Umwelt. Kann sich das Pferd zum Beispiel nicht sicher sein, ob auf ein Verhalten ein Verstärker oder eine Strafe folgt und reagiert daraufhin mit sogenanntem Meideverhalten – das heißt, es beginnt, Situationen in denen dieses widersprüchliche Signal normalerweise gegeben wird, aktiv zu meiden – sprechen wir von einem vergifteten Signal.

Oft beginnt das schon beim Namen, genauso wie bei uns Menschen. Kennen Sie das auch noch, dass Ihre Eltern Sie immer beim Spitznamen gerufen haben, außer Sie hatten etwas angestellt? Auch wenn uns jemand Bekanntes auf einmal sehr förmlich anspricht, beginnen die Alarmglocken zu läuten. Das Klingeln des Telefons ist ebenfalls oft ein vergiftetes Signal. Gerade bei einer unbekannten Nummer weiß man nie ganz sicher, ob nun eine gute Freundin anruft oder ob man eine traurige Nachricht bekommt. Ein Brief von der Bank kann eine Mahnung oder eine Gutschrift enthalten. Wenn Sie sich nun wieder an das Matching Law zurückerinnern, verändern sich unsere Gefühle je nachdem, ob wir mit dem Signal viele angenehme oder viele unangenehme Situationen verbinden.

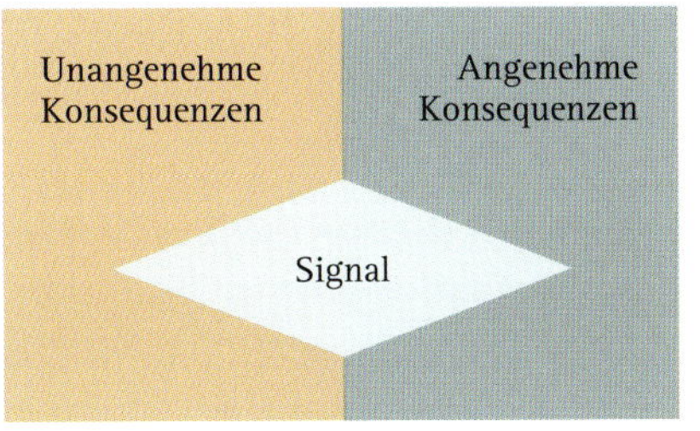

Ein vergiftetes Signal entsteht, wenn es sowohl angenehme als auch unangenehme Konsequenzen ankündigt.

Ganz besonders im Zusammenhang mit allen Aufgaben rund um Tierarzt, Hufbearbeitung und Co. finden wir viele vergiftete Signale. Sie kennen sicher auch eines dieser Pferde, dass bei jeder Annäherung an den Kopf zurückzuckt oder schnappt, obwohl es doch täglich gehalftert und geputzt wird und daran gewöhnt sein sollte. Was verbindet dieses Pferd wohl mit der Annäherung einer Hand an seinen Kopf? Aber auch bereits die eigene Laune und Körperspannung kann Signale vergiften, zum Beispiel, wenn der Mensch mit seiner Körpersprache das Pferd eher auf Abstand schickt, während er das Signal zum Herkommen gibt. Besonders sehr sensible Pferde beginnen schnell, die Übung mit der Grundstimmung des Menschen und weiteren Umgebungsdetails zu verbinden.

Für diese Stute ist die Gerte ein vergiftetes Signal – der neue Einsatzzweck als Target steht im Widerspruch zur vergangenen Historie.

Sensibilisierung und Desensibilisierung

Die Begriffe Sensibilisierung und Desensibilisierung haben Sie zu Beginn des Buches schon einmal kennengelernt. Um das Kapitel Lernen zu vervollständigen, möchten wir sie hier noch einmal kurz aufgreifen. In erster Linie beziehen sich diese Begriffe darauf, wie stark ein Pferd auf einen Reiz reagiert. Schreckhafte und ängstliche Pferde reagieren oft schon auf eine kleine Bewegung am Horizont, während gelassene oder weniger schreckhafte Pferde auf dieselbe Bewegung kaum oder gar nicht reagieren.

Auch im Umgang mit Signalen können wir die Pferde sensibilisieren oder desensibilisieren. Ein Pferd, das sehr fein auf leichte Hilfen reagiert, wurde auf diese Signale sensibilisiert, während zum Beispiel ein Schulpferd im Kinderreitunterricht oft gelernt hat, die Bewegungen der Kinder zu ignorieren, es wurde desensibilisiert.

Besonders im Zusammenhang mit dem Anti-Schreck-Training begegnet uns der Begriff Desensibilisierung oft. Dahinter versteckt sich der Wunsch, dass das Pferd lernt, gelassen auf verschiedenste Umweltreize wie Planen, Schirme, laute Geräusche etc. zu reagieren. Dabei muss man allerdings einige Dinge beachten, um das Pferd nicht ungewollter Weise noch zusätzlich zu sensibilisieren! Darauf gehen wir am Ende dieses Abschnitts noch ausführlicher ein.

Hier ist vermutlich nicht nur die Peitsche, sondern die gesamte Trainingssituation vergiftet.

Beim Anti-Schreck-Training soll das Pferd lernen, auf unbekannte Gegenstände gelassen zu reagieren.

Hat das Pferd in seinem Umfeld bereits viele positive Trainingserfahrungen gemacht, wird es auch neuen Gegenständen zuversichtlich begegnen – es ist desensibilisiert.

Desensibilisierung

Das nachfolgende Beispiel ist wieder ein wenig vereinfacht, soll aber durch die bessere Vergleichbarkeit zur Veranschaulichung dienen.

Stellen Sie sich dazu eine rote Decke vor, die in einer Ecke über der Bande hängt. Als diese sich an einem windigen Tag raschelnd bewegt, macht Ihr Pferd erschrocken einen Satz. In den nächsten Runden beäugt Ihr Pferd die Decke immer argwöhnisch, während es vorbeiläuft. Da der Wind inzwischen abgeflaut ist, raschelt die Decke nicht mehr und Sie können sie Ihrem Pferd später in Ruhe zeigen. Beim nächsten Ausflug in die Halle beachtet es die Decke selbst bei Wind nicht mehr. Es wurde auf rote Decken desensibilisiert.

Sensibilisierung

Nun stellen Sie sich eine andere Situation vor. Während Sie mit Ihrem Pferd in der Halle sind, fliegt die Decke auf einmal durch eine Windböe auf und streift dabei Ihr Pferd. Dieses macht einen Satz und bleibt dabei unglücklich an einem der Deckengurte hängen, sodass die Decke einige Meter hinterhergeschleift wird. Das hat Ihrem Pferd einen gehörigen Schrecken eingejagt. In den folgenden Einheiten reagiert es bereits, wenn nur die rote Decke zusammengefaltet in der Ecke liegt und hält lieber einen großen Sicherheitsabstand. Es wurde auf die rote Decke sensibilisiert
In Bezug auf unsere Signale tragen wir mit Timing und Intensität maßgeblich dazu bei, wie sensibel unsere Pferde darauf reagieren. Die Umwelt können wir nicht immer beeinflussen, aber das Wissen um Sensibilisierung und Desensibilisierung hilft uns dabei zu verstehen, wenn ein Pferd zum Beispiel immer stärker auf Traktoren reagiert oder lernt, den Stromzaun zu ignorieren.

Reizüberflutung und erlernte Hilflosigkeit

Ein wichtiger Punkt ist es, immer unter der Reizschwelle des Pferdes zu bleiben. Die Reizschwelle bezeichnet den Moment, an dem das Pferd aus dem aktiven Modus, in dem es in der Lage ist, sich mit dem Reiz auseinanderzusetzen und zu agieren, in den reaktiven Modus – den Fluchtmodus – wechselt. Wird der Stress zu groß, ist kein Lernen mehr

Ist die Stimmung eh schon angespannt, reichen bereits kleine Auslöser für große Reaktionen – das Pferd ist sensibilisiert.

möglich. Das Pferd erträgt den Reiz gegebenenfalls noch, vor allem wenn es durch Anbinden oder Festhalten keine Möglichkeit hat, ihm zu entkommen, lernt ihn dabei aber nicht als angenehm oder ungefährlich kennen.

Wird das Pferd dem Reiz in einer Stärke oder Intensität ausgesetzt, in der es in jedem Fall flüchten möchte, während es dabei an der Flucht gehindert wird, sprechen wir von Reizüberflutung. Das wäre so, als ob ein Mensch mit Angst vor Spinnen in einen Raum voll frei herumlaufender Vogelspinnen gebracht wird, welchen er erst verlassen darf, wenn er aufhört zu schreien und eine Spinne auf die Hand nimmt. In vielen Fällen wird er das früher oder später tun, um der Situation zu entkommen. Manchmal ist er aber von der Situation so überfordert, dass er nicht mehr in der Lage dazu ist, in irgendeiner Weise zu handeln. In seiner Hilflosigkeit hört er eventuell irgendwann auf, sich zu wehren und lässt es über sich ergehen, wenn Spinnen auf ihm herumkrabbeln. Dabei hat er aber nicht gelernt, Spinnen weniger schlimm zu finden oder dass es Spaß macht, sie zu berühren. Er hat nur gelernt, dass es keinen Sinn macht, sich zu wehren, da es an der Situation nichts ändert. Mehr dazu haben Sie bereits im Kapitel »Erlernte Hilflosigkeit – wenn die Pferdeseele einfriert« erfahren.

Beim Versuch der Desensibilisierung werden viele Pferde leider auch heute noch nur in die erlernte Hilflosigkeit gebracht und lassen die diversen Desensibilisierungsmaßnahmen stumm über sich ergehen.

Systematische Desensibilisierung und Gegenkonditionierung
Eine Variante der Desensibilisierung, die dem Pferd langfristig hilft, immer mehr Gegenstände und Situationen als ungefährlich – und sogar lohnenswert – einzustufen, ist die systematische Desensibilisierung. Dabei beginnt die Desensibilisierung mit einem so schwach ausgeprägten Reiz, dass er für das Pferd keinerlei Bedeutung hat. Das kann, um beim Beispiel mit der Decke zu bleiben, ein 5 cm großes Stoffstück sein, das an der Bande befestigt ist, oder die Comiczeichnung einer lustigen Spinne für den Menschen mit der Spinnenphobie.

Zusätzlich dazu wird dieser schwache Reiz mit einer angenehmen Erfahrung gekoppelt, wie zum Beispiel einem Stück Möhre. So lernt das Pferd nicht nur, dass das kleine Stoffstück keine Bedeutung hat, sondern auch, dass es eine tolle Sache ist, ein rotes Stoffstück zu sehen. Nach und nach kann dann das Stück vergrößert werden, ein Taschentuch, ein Handtuch, eine Satteldecke und später dann die Pferdedecke auf der Bande. Diese kann zusammengefaltet werden, ausgebreitet und später sogar von einem Helfer bewegt werden. Der nächste Schritt erfolgt dabei immer erst, wenn das Pferd keinerlei Beunruhigung zeigt, sondern aktiv auf die Decke zugeht, um das nächste Möhrenstück zu erhalten. Diese Verknüpfung wird als Gegenkonditionierung bezeichnet. Der ehemals neutrale oder als unangenehm abgespeicherte Reiz wird mit einer angenehmen Situation überschrieben. Eine weitere Variante mit vorbelasteten Situationen und Reizen umzugehen, ist das sogenannte SAVE-Training oder BAT. Dabei wird, vereinfacht gesagt, ein unerwünschtes Verhalten des Pferdes durch ein akzeptableres Verhalten ersetzt, um dieselbe Funktion für das

Dieses Pferd befindet sich zwar noch nicht im Stadium der erlernten Hilflosigkeit, zeigt aber auch keinerlei Initiative, die Plane zu untersuchen.

Das ehemals vorbelastete Longieren wird mit Hilfe der positiven Verstärkung neu aufgebaut.

Pferd zu erfüllen. Stellen Sie sich dazu noch einmal das Pferd vor, was sich beim Anblick eines Traktors losreißt. Die Funktion des Losreißens ist in diesem Fall die Distanzvergrößerung zum Traktor. Nun können Sie zum Beispiel auf sichere Distanz üben, dass sie das Pferd, sobald es den Kopf senkt, vom Traktor wegführen. So lernt es nach und nach, dass das Kopfsenken eine Alternative für das Losreißen sein kann, da es im ersten Moment dieselbe Funktion – Distanzvergrößerung – erfüllt. Im weiteren Verlauf des Trainings können Sie sich dem Furchtauslöser immer weiter annähern, da das Pferd gelernt hat, Ihnen jederzeit mitteilen zu können, wenn es umdrehen möchte. Nachdem das Pferd sich nun nicht mehr losreißt, können Sie an diesem Punkt wieder mit der Gegenkonditionierung beginnen, da sich das Pferd nicht mehr im Fluchtmodus befindet.

Welchen Ansatz Sie wann und mit welchem Pferd wählen, ist abhängig von der gegebenen Situation vor Ort und den Vorerfahrungen

Das Betrachten eines unheimlichen Gegenstandes kann im ersten Schritt bereits das Signal an den Menschen werden, etwas mehr Distanz zum Auslöser aufzubauen.

des Pferdes. Im Zweifelsfall sind eine ausführliche Verhaltensanalyse und die Erstellung eines Trainingsplanes gemeinsam mit einem erfahrenen Trainer oder Verhaltensberater immer zu empfehlen!

Diskriminierung und Generalisierung

Betrachten wir nun im nächsten Abschnitt die Diskriminierung und Generalisierung. Damit ist die Unterscheidung oder Verallgemeinerung von Signalen gemeint. Um den Bogen zum vorherigen Abschnitt zu spannen, bleiben wir zur Veranschaulichung weiterhin beim Deckenbeispiel.

Diskriminierung

Stellen Sie sich vor, dass Ihr Pferd nun die rote Decke vollkommen unspektakulär findet. An einem anderen Tag hängt an derselben Stelle allerdings eine grüne Decke, die bei einer weiteren Windböe mit großem Lärm zu Boden fällt und einige leere Eimer mitreißt. Diesmal ist Ihr Pferd schon vorher angespannt und lässt sich auch durch gutes Zureden nicht davon überzeugen, die grüne Decke näher zu untersuchen. Später, als ein anderer Reiter die grüne Decke von der Bande nimmt und die rote Decke zurückhängt, beruhigt sich Ihr Pferd sofort. Die rote Decke ist nicht mit dem plötzlichen Lärm verknüpft. Das Pferd unterscheidet – diskriminiert – zwischen grüner und roter Decke.

Generalisierung

In einer der folgenden Einheiten bleibt es allerdings auch an der roten Decke hängen – Sie fragen sich langsam, ob die Decken nicht an einer anderen Stelle aufbewahrt werden können – und das Pferd beschließt anschließend, dass es sicherer ist, um alle Decken, die auf der Bande hängen oder auf dem Boden liegen, einen großen Bogen zu machen. Das Pferd verallgemeinert – generalisiert – alle Decken.

Auch im Training und alltäglichen Umgang haben wir ständig mit Diskriminierung und Generalisierung zu tun. Sie kennen sicher viele

Das Pferd lernt, nur auf ein bestimmtes Signal hin, das Bein zu heben – es diskriminiert.

Das Pferd lernt, auch auf verlockendem Gras am lockeren Strick zu laufen – es generalisiert.

Situationen, in denen das Pferd zum Beispiel bei der Besitzerin ruhig am Anbinder steht, während es bei ihrem Mann nur herumhampelt und scharrt. Dieser hat schließlich immer einige Leckerchen in der Tasche und steckt sie ihm heimlich zu, weil es sich so freut. Es unterscheidet also, bei welchem Menschen es sich lohnt, ruhig abzuwarten und bei welchem Menschen das Scharren erfolgversprechend ist. Auch in diesem Fall handelt es sich um eine Diskriminierung. Genauso lernen die meisten Pferde schnell, jedem Menschen zu folgen, der sie am Halfter führt. Hier findet also eine Generalisierung statt.

Der Trainingsplan

Im letzten Kapitel haben Sie bereits erfahren, wie wichtig es ist, Verhalten genau zu beschreiben und saubere Signale zu trainieren. Im Trainingsalltag ist es allerdings manchmal gar nicht so einfach, den Überblick zu behalten. Abhilfe schafft an dieser Stelle ein guter Trainingsplan. Dieser sollte mindestens die folgenden Punkte beinhalten:

- Wie soll das Verhalten am Ende aussehen (Zielverhalten)?
- Welches Verhalten kann das Pferd bereits?
- An welchem Ort soll es das Verhalten am Ende zeigen können?
- An welchem Ort wird trainiert?
- Welches Signal soll das Pferd am Ende für das Verhalten kennen?
- Welche Signale werden während des Trainings benötigt?
- Wie viele Zwischenschritte gibt es auf dem Weg vom Startverhalten zum Zielverhalten?
- Wann wird trainiert?
- Wie oft wird trainiert?
- Welche Möglichkeit gibt es, wenn das Pferd nicht wie geplant reagiert (Plan B).
- Welchen Verstärker wollen Sie verwenden und wann/wo?

Sie sehen, dass es beliebig viele zu beachtende Punkte gibt. Für ein einfaches Verhalten wie das Kopfsenken wird der fertige Trainingsplan natürlich wesentlich weniger umfangreich aussehen, wie für den Umgang mit einem komplexen Problemverhalten.

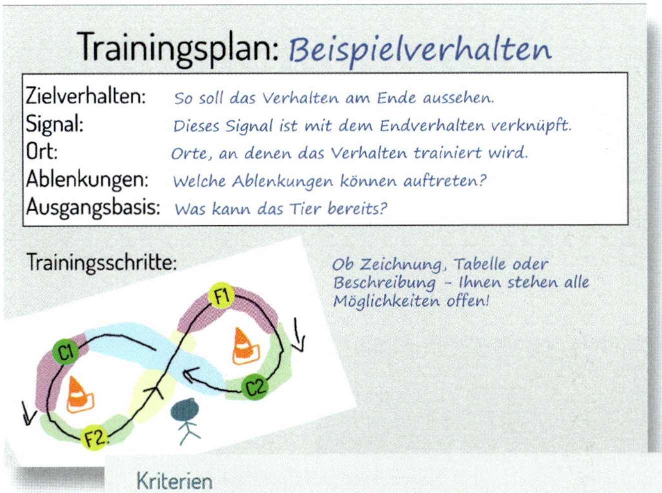

Im Trainingsplan können Sie Trainingsschritte und -durchgänge notieren, genauso wie die Anzahl der Clicks und Ihre Beobachtungen. Ob Sie ihn in Form einer Grafik oder einer Tabelle erstellen, bleibt dabei Ihren persönlichen Vorlieben überlassen.

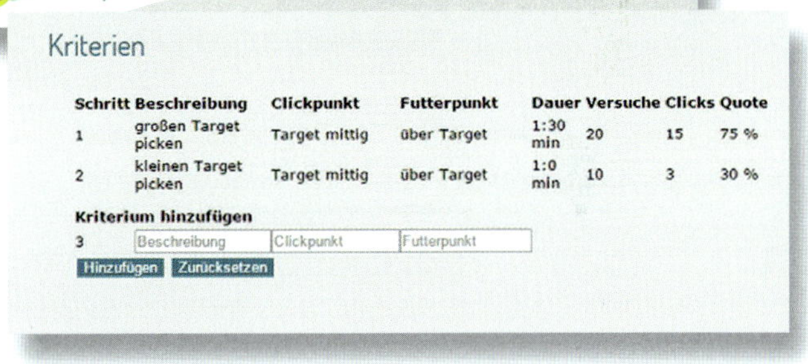

Kriterien

Schritt	Beschreibung	Clickpunkt	Futterpunkt	Dauer	Versuche	Clicks	Quote
1	großen Target picken	Target mittig	über Target	1:30 min	20	15	75 %
2	kleinen Target picken	Target mittig	über Target	1:0 min	10	3	30 %

Kriterium hinzufügen

3 | Beschreibung | Clickpunkt | Futterpunkt

Hinzufügen | Zurücksetzen

Muster für eine Grafiktabelle

Trainingsplan als Ablaufdiagramm am vereinfachten Beispiel »Halftergriff«.

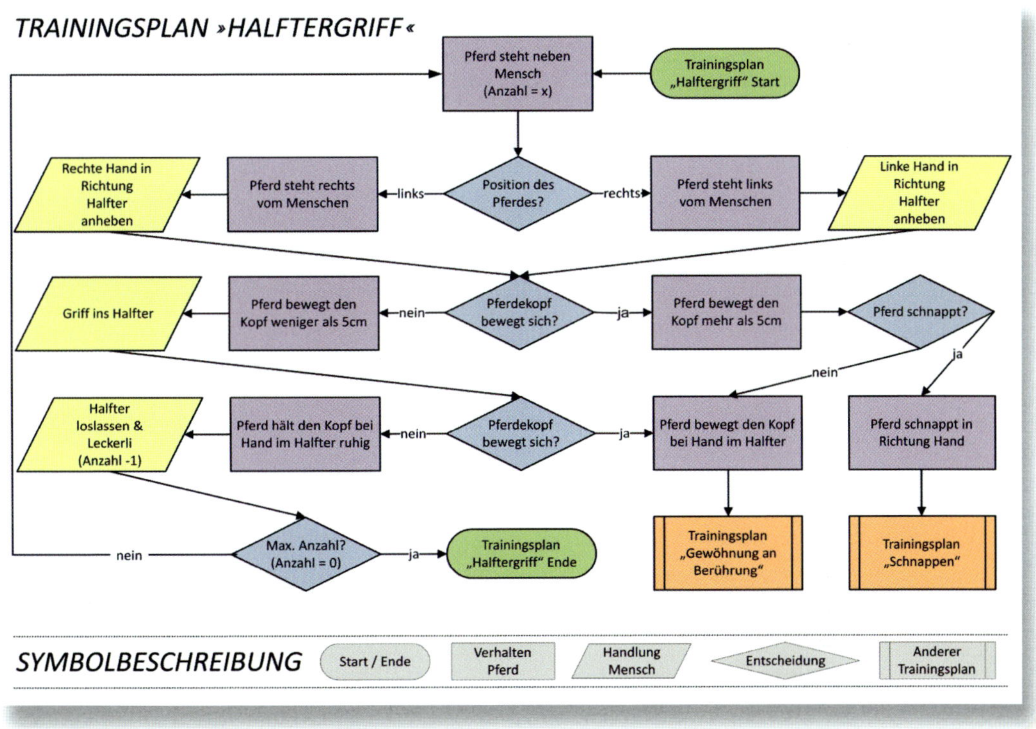

Ein abgetrennter Arbeitsbereich direkt neben der Herde, kann einem ängstlichen Pferd Sicherheit geben.

Ausrüstung und Arbeitsplatz

»Trainiere dort, wo du es kannst, nicht dort, wo du es nicht kannst.«

Alexandra Kurland

Ein ganz wichtiger Aspekt im Umgang mit Pferden generell und mit ängstlichen, unsicheren und untrainierten Pferden im Besonderen ist, eine Trainingsumgebung zu schaffen, in der das Lernen für beide Seiten gefahrlos und stressfrei möglich ist. Viele Situationen eskalieren in dem Moment, in dem das nicht mehr möglich ist, weshalb es nicht selten zu Verletzungen oder gravierenden Rückschritten im Training kommt.

Mit einem Pferd, das noch oder nicht mehr sicher geführt werden kann, sollte nach Möglichkeit immer in einem sicher abgesperrten Bereich gearbeitet werden. Das kann eine abgesperrte Ecke vom Paddock sein, die gesicherte Stallgasse, ein Round Pen, der Reitplatz oder ein mit mobilem Zaun abgetrennter Bereich. So ist es nicht nötig, das Pferd mit Einsatz von Strafe oder Gewalt daran zu hindern, davonzulaufen. Ganz besonders wenn das Pferd in der Vergangenheit bereits mit Umrempeln, Schnappen, Schlagen oder Steigen reagiert hat, macht es zu Beginn sogar Sinn, dass der Mensch sich auf der anderen Seite des Zaunes und damit außer Reichweite des Pferdes befindet. So können sich beide Partner in Ruhe aneinander herantasten, ohne aus Sorge um ihr körperliches Wohlbefinden mit aggressiven Abwehrhandlungen zu reagieren.

Dasselbe gilt bei der Arbeit mit Futter, wenn Sie noch nicht einschätzen können, ob Ihr Pferd sich in Gegenwart der offenen Futtertasche beherrschen kann. Stehen Sie mit der Tasche bereits in Reichweite Ihres Pferdes, während es versucht, in die Tasche zu beißen, um schneller an die Leckerchen zu kommen, müssen Sie kostbare Trainingszeit dafür opfern, das Pferd irgendwie von sich fernzuhalten. Das schafft Frust auf beiden Seiten. Stehen Sie jedoch unerreichbar hinter einer Absperrung, können Sie vom ersten Moment an erwünschtes Verhalten verstärken.

Bereits im nächsten Schritt sollten Sie mit Ihrem Pferd trainieren, es im Fall des Falles am kurzen Strick oder Halfter fixieren zu können. Informationen zum sogenannten Halftergriff finden Sie im folgenden Infokasten. Wir alle wissen, dass man ein Pferd auf der Flucht nicht mehr halten kann. Da helfen im schlimmsten Fall auch keine scharfen Gebisse oder andere Hilfsmittel. Was wir aber im Vorfeld tun können, ist dem Pferd beizubringen, auch in einem Schreckmoment bei uns zu bleiben. Wenn das Pferd das Fixiertwerden bereits kennt und gelernt hat, auf ein Anspannen des Strickes nachzugeben statt dagegenzuhalten, gewinnen wir wertvolle Sekunden, in denen es im Ernstfall aus dem Fluchtmodus wieder in den Denkmodus schalten kann.

Faktor Mensch

Während wir in diesem Buch bereits viel auf die Pferde und ihre Bedürfnisse eingegangen sind, gibt es natürlich noch einen zweiten Partner in der Beziehung – den Menschen. Auch wir sind natürlich nicht frei von Wünschen, Bedürfnissen, Vorstellungen, Einschränkungen und Vorerfahrungen. Deswegen ist es wichtig, auch immer wieder zu hinterfragen, warum wir etwas eigentlich tun. Frust, Ärger und Enttäuschung sind immer auch ein Zeichen für nicht erfüllte Bedürfnisse.

Eigene Bedürfnisse formulieren

Nehmen Sie sich an dieser Stelle doch einen Moment Zeit, um zu formulieren, welche Bedürfnisse Sie im Umgang mit Ihrem Pferd verspüren. Dazu kann das Bedürfnis nach Sicherheit zählen (mein Pferd verletzt mich nicht), das Bedürfnis nach Kontrolle (mein Pferd befolgt meine Signale), das Bedürfnis nach Zuneigung (mein Pferd erwidert meine Gefühle), das Bedürfnis nach Freiheit (mein Pferd und ich können gemeinsam die Welt durchstreifen) oder auch viele andere Bedürfnisse.

Sind Sie vielleicht sportlich und ehrgeizig und haben daher das Ziel, mit Ihrem Pferd gemeinsam Wettbewerbe zu gewinnen? Oder möchten Sie sich vom stressigen Stadtleben erholen und gemeinsam mit Ihrem Pferd einfach nur die Natur genießen? Und welche Bedürfnisse hat Ihr Pferd? Lassen sich diese Bedürfnisse miteinander vereinbaren oder sich Kompromisse finden? Oder sind diese so unterschiedlich, dass Streit und Probleme vorprogrammiert sind?

Vom Umgang mit Gefühlen

Mir persönlich hilft es besonders in Situationen, in denen ich mich enttäuscht, wütend oder traurig fühle, zu hinterfragen, welches meiner eigenen Bedürfnisse in diesem Moment unerfüllt ist. Das hilft mir dabei, nicht reaktiv zu reagieren, sondern aktiv nach einer Lösung zu suchen. Und es hilft mir, die Gefühle und Bedürfnisse von anderen – und natürlich auch meinen Tieren – besser zu deuten, und konstruktiv damit umzugehen. (Tine)

Wenn nicht erfüllte Bedürfnisse ins Spiel kommen und sich die Gefühle auf beiden Seiten hochschaukeln, ist es wichtig, das Training zu unterbrechen und ganz genau zu beschreiben, was gerade passiert ist. Um langfristig eine vertrauensvolle Beziehung zu unseren Pferden zu haben und besonders eine sehr fragile Beziehung zu einem Angstpferd nicht zu gefährden, hilft es, sich die folgenden Punkte vor Augen zu halten.

Über den Halftergriff und den Umgang mit Abwehrverhalten

Für das Training des Halftergriffs stellen Sie sich neben Ihr Pferd oder schräg davor, wenn Sie mit Hilfe einer Absperrung arbeiten. Mit der Hand, die dem Pferd zugewandt ist, greifen Sie entspannt in das Halfter Ihres Pferdes. In dem Moment, in dem es den Kopf ruhig hält – also dann, wenn Sie keinen Zug am Halfter spüren – clicken Sie, lassen das Halfter los und füttern mit der linken Hand ein Leckerchen. Den Clicker haben Sie dabei am besten mit einem Band am linken Handgelenk oder der Hose befestigt, sodass Sie mit der linken Hand abwechselnd clicken und füttern können.

Ihr Pferd lernt bei dieser Übung, dass es eine tolle Sache ist, sich vom Menschen am Halfter berühren zu lassen. Viel zu viele Pferde lernen die Hand des Menschen in der Nähe ihres Kopfes als etwas Unangenehmes kennen, wenn sie oft ungefragt berührt werden oder schon schlechte Erfahrungen gemacht haben. Wenn Ihr Pferd keine schlechten Vorerfahrungen hat, wird es diese Übung einfach genießen, da es viele Leckerchen für ein sehr einfaches Verhalten gibt. Wenn es jedoch bereits kopfscheu ist, können Sie mit Hilfe dieser Übung seine Lebensqualität deutlich verbessern.

»Ich möchte ein Pferd jederzeit am Halfter nehmen können, wenn zum Beispiel mal der Strick gerissen ist oder ich ein davongelaufenes Pferd einfangen möchte. Ich möchte ein Pferd sanft am Kopf fixieren können, um die Augen zu behandeln oder Verletzungen zu untersuchen, ohne dass es dabei in Panik gerät. Ich möchte in der Lage sein, den Kopf meines Pferdes fein in verschiedene Bewegungen führen zu können (zum Beispiel in die Stellung oder das Kopfsenken), ohne dass es durch meine Hand am Kopf in eine Abwehrhaltung gerät. Bei all diesen Punkten hilft mir ein gut trainierter Halftergriff!«

Tine

Der Halftergriff ist in vielen Situationen – zum Beispiel beim Medical Training – eine wichtige Trainingsgrundlage.

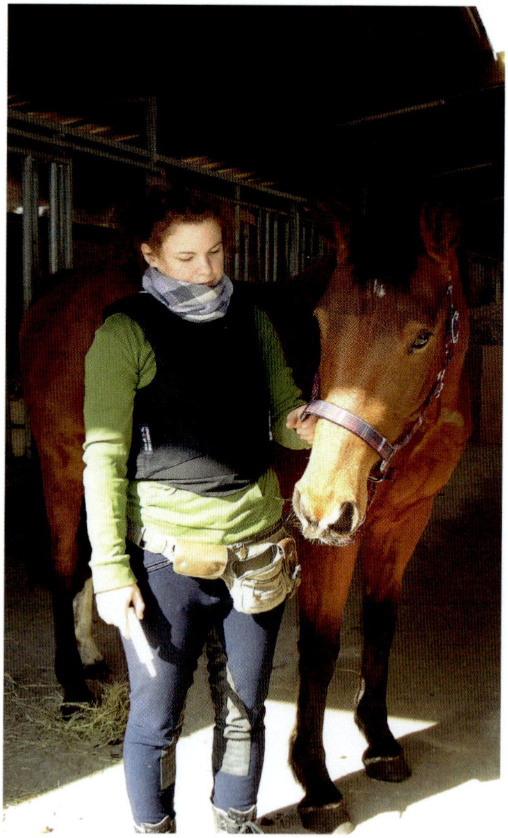

Doch was ist, wenn das Pferd bereits kopfscheu ist oder mit deutlicher Abwehr reagiert? Ein paar einfache Tipps können wir Ihnen an dieser Stelle mit auf den Weg geben.
Helfen diese einfachen Maßnahmen nicht, empfiehlt es sich, einen kompetenten Trainer oder auch einen Tierarzt, Osteopathen oder Physiotherapeuten mit einzubeziehen. Viele Pferde haben Probleme mit dem empfindlichen Genick, was zu diversen Abwehrreaktionen und Verhaltensauffälligkeiten führen kann!

Wendet Ihr Pferd den Kopf ab, reißt ihn nach oben oder schnappt nach Ihrer Hand? Halten Sie einen Moment inne und bewegen Sie Ihre Hand nicht weiter. Sobald Ihr Pferd sich Ihnen wieder ein Stück zuwendet, clicken Sie dafür, lassen Sie die Hand sinken und geben Sie ihm ein Leckerchen. So zeigen Sie ihm, dass Sie seine Bedenken ernst nehmen und es sich frei entscheiden kann. Lässt Ihr Pferd seinen Kopf jedoch betont abgewandt, dann nehmen Sie die Hand kurz herunter, gönnen Sie sich und Ihrem Pferd eine kleine Pause und fragen Sie anschließend erneut mit einer etwas kleineren Bewegung. Überprüfen Sie außerdem Ihre Futtertechnik. Achten Sie darauf, nicht mit derselben Hand zu füttern, mit der Sie ins Halfter greifen. Vielleicht kann Ihr Pferd nicht sicher unterscheiden, ob Sie ins Halfter greifen oder füttern möchten.

Aber lernt das Pferd so nicht zu schnappen oder den Kopf wegzuziehen? Darf es damit durchkommen? Oder ganz allgemein: Darf ein Pferd »Nein« sagen? Diese und andere Fragen tauchen oft auf, wenn ein Pferd mit Abwehr reagiert. Wenn ein Pferd die oben beschriebenen Reaktionen zeigt, hat es sie bereits in der Vergangenheit gelernt. Es liegt jetzt an Ihnen, ihm zu zeigen, dass diese Abwehrreaktionen nicht notwendig sind, da Sie auch vorher schon auf die feinen Signale achten! Im ersten Schritt lernt Ihr Pferd, dass es Ihre Hand stoppen kann, indem es sich abwendet. Das ist schon einmal deutlich besser, als den Kopf hochzureißen oder zu schnappen. Anschließend können Sie die Entfernung zwischen Hand und Halfter Schritt für Schritt verringern. Wenn Sie dabei auf Ihr Pferd hören, gehören die beschriebenen Abwehrreaktionen bald der Vergangenheit an.

Das Handeln unserer Pferde ist, genauso wie unser eigenes Handeln, permanent auf die Erfüllung von Bedürfnissen ausgerichtet. Nur wenn alle Bedürfnisse ausreichend erfüllt werden, kann Lernen und gemeinsamer Fortschritt stattfinden. Die Bedürfnisse Ihres Pferdes sind genauso wichtig wie Ihre eigenen Bedürfnisse. Es geht niemals darum, etwas gegen jemanden zu tun, sondern immer darum, den eigenen Zustand zu optimieren. Wenn Ihr Pferd also beim Anblick des Tierarztes Reißaus nimmt, tut es das nicht, um Sie zu ärgern, sondern um dieser beängstigenden Situation zu entkommen.

Wenn Ihr Pferd aggressives oder ängstliches Verhalten zeigt, ist das immer ein Ausdruck seiner inneren Not. Nehmen Sie die Signale und Zeichen Ihres Pferdes ernst, und versuchen Sie Ihrem Pferd dabei zu helfen, die Situation so schnell wie möglich aufzulösen. Schließlich arbeitet Ihr Pferd von Herzen gern mit Ihnen zusammen, wenn es nicht dazu gezwungen wird, sondern es aus freiem Willen und im Rahmen seiner Fähigkeiten tun kann. Dabei kann dieser Rahmen gerade zu Beginn des Trainings von ängstlichen Pferden sehr klein sein und es kann manchmal nahezu hoffnungslos wirken. Verzweifeln Sie nicht, sondern freuen Sie sich bereits über die kleinsten Schritte. Mit gutem Management und achtsamem Training können Sie mehr erreichen, als es im ersten Moment vielleicht für möglich erscheint.

Achten Sie bereits auf die kleinen Zeichen, wie den verkniffenen Gesichtsausdruck dieses Pferdes, dem schon die Nähe des Menschen in dieser Situation zu viel ist.

Sicherheit geht vor – Achtsamkeit

Wann immer Sie sich in einer Situation unwohl fühlen oder unsicher sind, ist das ein deutliches Warnzeichen. Hinterfragen Sie, was Ihnen Bauchschmerzen bereitet und schaffen Sie eine Arbeitsumgebung, in der Sie sich wohl fühlen. Denn wenn Sie das schon nicht können, können Sie es auch von Ihrem Pferd nicht erwarten. Dabei spielt es keine Rolle, ob Ihr Trainer, ein Pferdeprofi im TV oder eine gute Stallfreundin das kann und Ihnen zuredet, dass es doch alles halb so wild ist. Nur Sie allein können abschätzen, was Sie sich zutrauen und was nicht! Ob Ihr Pferd Sie als verlässlichen Partner ansehen und Ihnen vertrauen kann, hängt nicht davon ab, wie oft Sie sich selbst in Gefahr bringen, nur um sich oder anderen etwas zu beweisen.

Bringen Sie Ihr Pferd – und sich selbst – niemals absichtlich in eine überfordernde Situation. Überprüfen Sie sorgfältig, was Ihr Pferd bereits kann und besprechen Sie das auch im Vorfeld mit anderen Personen, wie dem Stallpersonal, dem Tierarzt, dem Hufbearbeiter oder auch Ihrem Trainer. Sie kennen Ihr Pferd am besten und tragen die Verantwortung dafür, dass die Situation nicht eskaliert. Verlangen Sie nichts von Ihrem Pferd, was Sie nicht im Vorfeld trainiert haben.

Wenn konkurrierende Bedürfnisse aufeinandertreffen, ist es wichtig zu hinterfragen, wie man diese Situation in Zukunft besser lösen kann.

Diese Stute ist weder dominant noch unerzogen, sondern kann aufgrund von körperlichen Problemen die geforderte Übung nicht zeigen. Dieses Bild entstand in einer Kurssituation als Reaktion auf die Frage »Was passiert denn, wenn du mal vorsichtig mit der Gerte nachtreibst?« – sie wurde durch den Menschen erst in diese hilflose Lage gebracht.

Das eigene Sicherheitsempfinden

Als ich begonnen habe, mit meiner unsicheren und reaktiven Stute das Spazierengehen zu üben, habe ich mir für meine eigene Sicherheit eine Sicherheitsweste gekauft. Zusammen mit Handschuhen, Helm und Sicherheitsschuhen hatte ich so das Gefühl, dass mir im Ernstfall bei einem Tritt oder Umrempeln nicht so viel passieren kann. Eine Miteinstellerin hat zu der Zeit immer einen Helm aufgesetzt, wenn sie ihrer Stute die Hufe ausgekratzt hat. Was von außen vielleicht befremdlich wirken mag, trägt viel zum subjektiven Sicherheitsempfinden bei und ist daher mehr als gerechtfertigt.

Tine

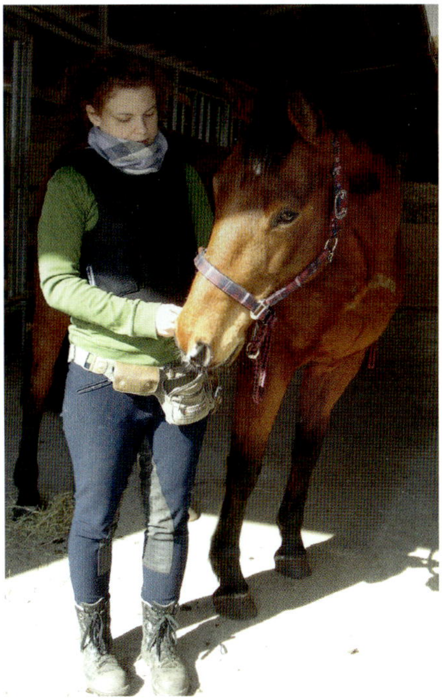

Sicherheitsweste und -schuhe können dabei helfen, sich im Umgang mit seinem Pferd sicherer zu fühlen.

Gestalten Sie die Zeit mit Ihrem Pferd so, dass es Ihnen möglich ist, mit Ihrer Aufmerksamkeit bei Ihrem Pferd zu sein. Ausgiebige Gespräche mit den Stallkollegen, Telefonate mit der Arbeit oder mal eben schnell auf dem Handy die neusten Nachrichten zu verfolgen, verlangt Ihre gesamte Aufmerksamkeit. Wenn das Pferd dann plötzlich auf dem Absatz kehrtmacht oder herzhaft in das daneben angebundene Pferd am Putzplatz beißt, kommt das vermeintlich vollkommen aus dem Nichts. Wären Sie nicht in das Gespräch vertieft gewesen, hätten Sie unter Umständen den Traktor am Horizont rechtzeitig sehen können oder bemerkt, dass das zweite Pferd am Putzplatz bereits seit Minuten stänkert oder Ihr Pferd massiv bedrängt. Schenken Sie Ihrem Pferd also dieselbe Aufmerksamkeit und Achtsamkeit, die Sie sich von ihm wünschen.

Die andere Seite – Empathie
Haben Sie auf der anderen Seite auch Verständnis dafür, wenn Ihr Pferd einfach mal einen schlechten Tag hat. Genauso wie Sie den Frust auf ein schief gelaufenes Meeting im Büro nicht immer an der Stalltür abschütteln können, kann Ihr Pferd die Aufregung über die Integration eines neuen Pferdes oder eine Rangelei an der Heuraufe nicht immer aus dem Training heraushalten. Auch Schlafmangel, Hunger oder Verspannungen können Ihr Pferd genauso beeinträchtigen wie Sie selbst. Diese Dinge bestimmen den Alltag unserer Pferde und gehören genauso zu ihnen, wie ihre ganz eigene Persönlichkeit. Kennen Sie auch Pferde, die absolute Morgenmuffel sind oder nach der Weidezeit lieber Dösen möchten, als sich sportlich zu betätigen? Wenn Sie auf diese kleinen Dinge

Während eines Telefonats bekommt man kaum noch etwas mit – der im Weg stehende Lichtmast ist dabei noch harmlos.

Manche Situationen kann man an einem bestimmten Punkt nur noch managen, wie hier auf einem mehrere Kilometer langen Weg zur Sommerweide mit allen Pferden des Stalles.

Rücksicht nehmen, wird Ihr Pferd es Ihnen an anderer Stelle gerne zurückgeben.

Selbstschutz und Management – wenn gerade nicht trainiert werden kann

Im Alltag mit unseren Pferden gibt es immer wieder Situationen, in denen es nicht mehr um Training geht, sondern nur noch darum, eine bereits eskalierte Situation vernünftig und sicher für alle Seiten zu managen. Nicht immer kann man einen Auslöser bestimmen oder diesen wieder abschalten. Manche Situationen sind auch durch die gemeinsamen Vorerfahrungen so festgefahren, dass jeder Versuch das Thema anzugehen, mit einer weiteren Eskalation endet.

Wie bereits erwähnt, kommt die Sicherheit immer zuerst. Je nach Situation gibt es daher verschiedene Möglichkeiten, diese zu managen.

Die sichere Umgebung

Befinden Sie sich mit Ihrem Pferd in einer sicheren Umgebung, wie zum Beispiel dem Round Pen, dem Paddock, der Box oder dem eingezäunten Reitplatz, können Sie es im Notfall für einen Moment loslassen und selbst auf die andere Seite der Absperrung gehen. Dort können Sie überlegen, wie Sie sich dem Pferd wieder am sichersten nähern können. Nach Möglichkeit sollte das Pferd dabei natürlich nicht mit wehendem Strick durch die Gegend rennen, aber wenn es wirklich einmal passieren sollte, ist es immer noch besser,

Ein abgetrennter Arbeitsplatz in gewohnter Umgebung ist oft die Voraussetzung, um überhaupt mit einem ängstlichen Pferd trainieren zu können.

kurz abzuwarten und es dann wieder einzusammeln. Werden Sie nämlich auch noch umgerannt, können Sie weder sich noch Ihrem Pferd helfen.

Geschützter Kontakt

Haben Sie es mit einem Pferd zu tun, das bereits gelernt hat, aggressiv gegenüber Menschen zu reagieren – sei es durch Schnappen, Drohen, Schlagen oder andere Übergriffe – ist es wichtig, zunächst nur hinter einer sicheren Absperrung zu arbeiten. Das ist auch kein Zeichen für Schwäche, sondern dient der Sicherheit von beiden Seiten. Mit einem Löwen würde auch kaum jemand freiwillig ohne ein sicheres Trenngitter arbeiten. So können Sie in Ruhe alle nötigen Verhaltensweisen trainieren, die Ihrem Pferd und Ihnen dabei helfen, auch ohne Absperrung wieder miteinander arbeiten zu können.

Zu Beginn des Trainings macht es oft Sinn, zunächst einmal hinter einer sicheren Absperrung zu arbeiten.

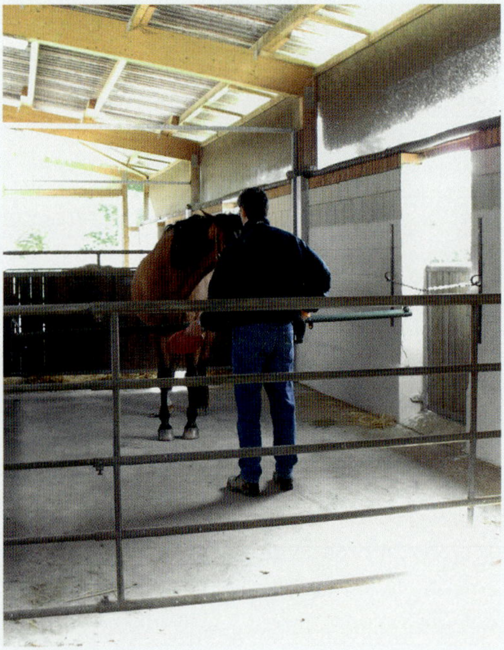

Deeskalation

Viele Situationen eskalieren erst aus dem falsch verstandenen Bedürfnis heraus, dem Pferd etwas »nicht durchgehen« zu lassen. Es soll nicht lernen, dass es »damit« durchkommen kann ... Statt sich in einer eh schon aufgeheizten Situation auf ein Kräftemessen mit dem Pferd einzulassen, welches das Pferd im Fall des Falles allein schon durch seine pure Körpermasse gewinnen wird, sollten Sie versuchen die Situation so schnell wie möglich zu deeskalieren. Steigt Ihr Pferd zum Beispiel immer bei Ihrem Versuch, an der Longe einen Handwechsel einzuleiten oder wenn Sie mit ihm einen bestimmten Weg einschlagen wollen? Lassen Sie diese konkrete Übung in dieser Einheit am besten sein und überlegen Sie in Ruhe, seit wann Ihr Pferd so reagiert und wer Ihnen bei der Ursachenforschung helfen kann.

Eine ausgiebige Untersuchung durch den Tierarzt kann ein wichtiger Schritt sein, um Training überhaupt zu ermöglichen.

Holen Sie sich Unterstützung

Selbst der erfahrenste Trainer kann mit seinem Pferd an einen Punkt kommen, an dem es mehr Rückschritte als Fortschritte gibt. Niemand kann alles wissen und um sowohl ein gut ausgebildeter Reiter, Trainer, Physiotherapeut, Sattler, Tierarzt, Hufbearbeiter und Futterberater zu sein, braucht es wahrscheinlich eher zwei oder drei Leben. Haben Sie daher keine Scheu, um Rat zu fragen oder um Hilfe zu bitten. Manchmal hilft es schon, zu erleben, wie jemand anderes die Situation einschätzt. Fallen Sie dabei aber auch nicht auf das Versprechen von möglichen Wunderheilungen herein. Der Umgang mit Angstproblemen, Traumata und generalisierten Angststörungen ist oft ein langer Weg mit vielen unterschiedlichen Bausteinen.

Wenn die eigenen Gefühle hochkochen, ist es Zeit für eine Pause und die sprichwörtliche Tasse Tee.

Schon eine kleine Pause während des Trainings kann eine angespannte Situation vor dem Eskalieren bewahren.

Gönnen Sie sich eine Pause

Manchmal hilft es auch einfach, das Pferd mal eine Weile Pferd sein zu lassen und einige Tage oder Wochen nicht in den Stall zu fahren. Solange die Haltungsbedingungen stimmen, das Pferd genug Kontakt zu Artgenossen hat und vernünftig versorgt ist, dürfen Sie sich und dem Pferd diese Auszeit auch einfach einmal gönnen. Kontaktieren Sie in der Zeit vielleicht einen Trainer, nehmen Sie an einem Seminar teil oder gehen Sie gemütlich mit der besten Freundin essen. Mit ein wenig Abstand sieht alles gleich wieder anders aus. Nichts ist so wichtig, dass es nicht verschoben werden kann. Keine Trainingsstunde, keine Impfung, keine Hufbearbeitung, kein Kurs und auch kein geplanter Stallwechsel. Sie haben immer die Möglichkeit, für Ihr Pferd einzustehen und zu sagen: »Nein!, Heute ist nicht der Tag dafür.«

Gut gelernt ist halb gewonnen – Sicherheit durch Mitbestimmung

Missverständnisse und problematische Situationen entstehen oft in den Momenten, in denen wir die Signale unserer Pferde übersehen oder die Pferde bereits in der Vergangenheit gelernt haben, dass ihre Mitteilungen bestraft werden. Auch wenn die Situation bis zu einem bestimmten Punkt für das Pferd ertragbar ist, kann ein kleiner Tropfen buchstäblich das Fass zum Überlaufen oder, besser gesagt, das Pferd zum Losreißen, Beißen oder Treten bringen. Viele Dinge sind nun aber dennoch notwendig und trotzdem ängstigend, unangenehm oder sogar schmerzhaft. Es einfach nicht zu tun, ist daher keine wirklich langfristige Alternative. Die gute Nachricht ist, dass es verschiedene Möglichkeiten gibt, dem Pferd die Kontrolle über die Situation zu geben. Wer selbst bestimmen kann, was mit ihm passiert, befindet sich in einem anderen Gehirnzustand.

Das Standardverhalten

Das Standardverhalten bezeichnet eine Verhaltensweise, die die Ausgangsbasis für jede weitere Interaktion mit dem Trainer ist – und gleichzeitig auch gezeigt werden kann, wenn das Pferd zum Beispiel den aktuellen Übungsschritt nicht versteht. Wichtig für das Standardverhalten ist, dass es nicht aktiv durch ein Signal des Trainers ausgelöst (gefordert) wird. Vielmehr ist das Standardverhalten die Grundvoraussetzung für jeden einzelnen Trainingsschritt.

Ein mögliches Standardverhalten könnte zum Beispiel das ruhige Stehen mit Blickkontakt zum Menschen sein oder in der Bewegung ein ruhiger und gleichmäßiger Schritt. Wenn das Pferd also keine weitere Information von seinem Trainer bekommt oder diese nicht versteht, kann es ihm so mitteilen: »Ich weiß gerade nicht, was ich machen soll, bitte gib mir weitere Informationen.« Besonders für Pferde, die dazu neigen, mittels Scharren oder Schnappen auf sich aufmerksam machen zu wollen, ist dies eine der wichtigsten Übungen. Aber auch jedes andere Pferd sollte mindestens ein Standardverhalten kennenlernen.

So trainieren Sie ein Standardverhalten

Bringen Sie Ihrem Pferd zunächst einmal das gewünschte Verhalten bei. Bereits bei der Futterkonditionierung können Sie das Verhalten, zum Beispiel das ruhige Stehen mit allen vier Hufen am Boden, zur Bedingung und Ausgangsbasis für alle weiteren Schritte machen. Stellen Sie sich das Standardverhalten wie die Mindestbedingung für jede weitere Interaktion vor. Dazu clicken und füttern Sie in dem Moment, in dem das Pferd ruhig steht.
Im nächsten Schritt warten Sie mit allem, was Sie tun, angefangen vom Aufhalftern über das Signal zum Hufe geben oder das Überreichen der Futterschüssel darauf, dass Ihr Pferd das vorher trainierte und vielfach verstärkte Standardverhalten zeigt. Erst dann fahren Sie mit Ihrer Tätigkeit fort.

Ein gut trainiertes Standardverhalten, wie zum Beispiel das ruhige Stehen in Abwesenheit von weiteren Signalen, sollte zum Verhaltensrepertoire eines jeden Pferdes gehören.

Das Initiatorsignal bzw. Kooperationssignal

Besonders im Medical Training oder bei der Arbeit mit emotional vorbelasteten oder potenziell verunsichernden / stressigen Übungen, ist das sogenannte Initiatorsignal eine wertvolle Trainingshilfe. Hierbei lernt das Pferd, dass der nächste Übungsdurchgang erst erfolgt, wenn es dafür bereit ist. Dazu bietet sich je nach Kontext zum Beispiel das Kopfsenken oder auch das Berühren eines stationären Targets an.

Indem das Pferd dieses Verhalten zeigt, kann es dem Menschen signalisieren: »Ich bin bereit, es kann losgehen!« Dieses Signal ist besonders bei der Erarbeitung von neuen Übungen sinnvoll, da es dem Pferd zwischendrin immer wieder die Möglichkeit gibt, das gerade Gelernte zu verarbeiten. Dazu wird zunächst einmal ein Verhalten trainiert, das das Pferd einfach und sicher zeigen kann, wie zum Beispiel das Berühren eines Targetgegenstandes. Im nächsten Schritt wird, sobald das Pferd das Verhalten zeigt, zunächst nicht geclickt, sondern mit der eigentlichen Übung begonnen. Das kann zum Beispiel das Anheben einer Hand sein oder eine Berührung. Die Qualität des gezeigten Initiatorverhaltens – also wie zuversichtlich es gezeigt wird, wie lange es dauert, bis das Pferd das Verhalten zeigt – und wie sich das im Lauf der Übungsdurchgänge verändert – gibt uns wichtigen Aufschluss darüber, wie der aktuelle Stresslevel des Pferdes im Training ist.

Ein stationäres Target kann vom Pferd dauerhaft berührt werden.

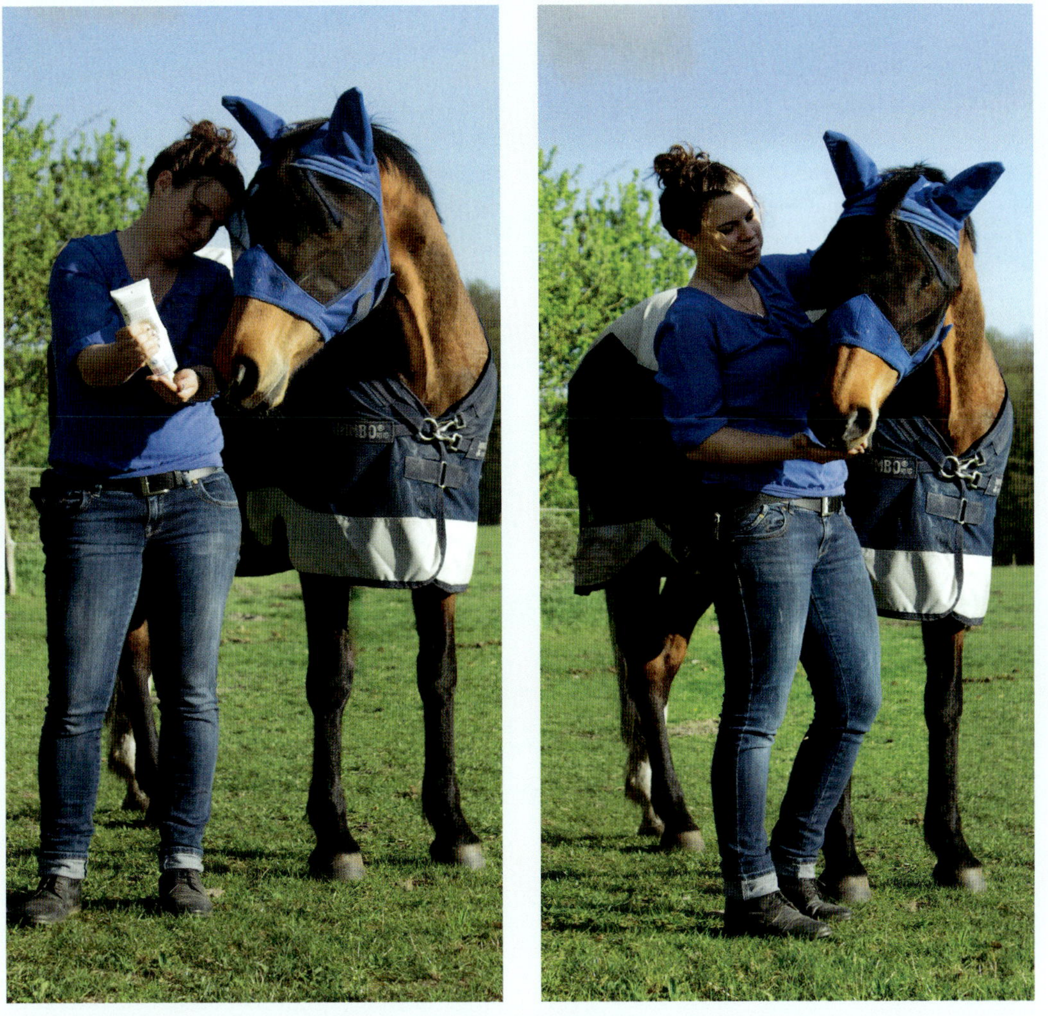

Mit dem Berühren oder Hinwenden zur Salbentube signalisiert die Stute, dass sie bereit dafür ist, eingecremt zu werden.

Das Initiatorverhalten als Start-Signal

Im ersten Fall zeigt das Pferd das Initiatorsignal als Zeichen an den Menschen, dass es bereit ist. Das kann zum Beispiel das Berühren des Trainingsgegenstandes sein – also der Bürste, Sprühflasche, ausgeschalteten Schermaschine oder Spritze – oder ein kurzes Kopfsenken. Gerade bei der Arbeit mit Gegenständen, deren Verwendung keine lange Dauer mit sich bringt, ist dies eine sinnvolle Möglichkeit. Im ersten Schritt zeigen Sie Ihrem Pferd den Gegenstand und clicken zum Beispiel eine Berührung. Sobald Ihr Pferd dies zuverlässig zeigt, können Sie dazu übergehen, den Gegenstand nach dem Präsentieren kurz zu verwenden, bevor Sie clicken und Ihrem Pferd ein Leckerchen geben. Berührt Ihr Pferd den Gegenstand daraufhin nicht mehr oder nur zögerlich, war der Schritt vielleicht zu groß. Berührt es ihn weiterhin zuversichtlich und prompt, können Sie mit dem nächsten Schritt fortfahren.

Das Initiatorverhalten als Stopp-Signal
In anderen Fällen, in denen das Verhalten vielleicht nicht besonders schwierig ist, das Pferd aber irgendwann eine Pause benötigen könnte – zum Beispiel bei der Hufbearbeitung – können Sie das Initiatorsignal in abgewandelter Form auch als Stopp-Signal trainieren. Dazu könnten Sie zum Beispiel ein Target an der Wand befestigen oder ebenfalls das Kopfsenken nutzen. Alternativ können Sie auch einfach beobachten, welches Verhalten Ihr Pferd von sich aus anbietet. Beginnen Sie wie gewohnt mit der Übung, und beobachten Sie Ihr Pferd. Mein Shetlandpony Da Vinci und sein bester Kumpel Elmo haben zum Beispiel gelernt, dass ich die Schermaschine ausschalte, sobald sie sich in ihre Richtung orientiert. Zeigt eines der Ponys sein »Stopp«-Signal, clicke ich, schalte die Schermaschine aus und gebe ihm ein Leckerchen. So haben beide innerhalb von einer Einheit gelernt, sich am ganzen Körper entspannt scheren zu lassen – und beschäftigen sich in der Zwischenzeit am liebsten mit gegenseitiger Fellpflege.

Über das Berühren der Schermaschine kann das Minishetty signalisieren, dass es eine kurze Pause braucht.

Das Initiatorverhalten als Start-Stopp-Signal
Die dritte Variante ist es, das Initiatorverhalten für die gesamte Dauer der Übung zu nutzen. Egal ob es dabei um Bürsten, Eincremen, Hufe bearbeiten oder Scheren geht – der Durchgang beginnt erst, sobald das Pferd das Initiatorverhalten zeigt und endet, wenn es das Verhalten beendet. Wenn Sie zum Beispiel ein stationäres Target verwenden und am Einsprühen arbeiten wollen, heben Sie die Hand mit der Sprühflasche erst, wenn Ihr Pferd das Target berührt. So lange es am Target bleibt, können Sie sprühen – wendet es sich ab, auch wenn es nur für einige Zentimeter ist, hören Sie auf. So lernt es schnell, dass der unangenehme Sprühstoß nur erfolgt, wenn es das Target berührt und kann so Einfluss auf das Training nehmen. Der Click erfolgt in diesem Fall, während das Pferd das Initiatorverhalten zeigt.

Das Alternativverhalten

Ein Alternativverhalten dient dazu, einen gewünschten Verstärker durch ein sozial kompatibleres Verhalten zu erhalten. Dazu müssen wir als Trainer uns zunächst einmal die Frage stellen, was unser Pferd mit einem bestimmten Verhalten erreichen möchte. Um genau zu sein, müssen wir herausfinden, welcher Verstärker das Verhalten bisher aufrechterhalten hat. Wie Detektive müssen wir dazu unsere Pferde und ihr Umfeld genau beobachten. Ein Beispiel dazu haben Sie bereits im Kapitel »Systematische Desensibilisierung und Gegenkonditionierung« kennengelernt.

Wie der erste Absatz schon vermuten lässt, nutzen wir das Alternativverhalten hauptsächlich im Umgang mit unerwünschtem Verhalten. Das kann das Scharren am Anbinder sein, das Kopfhochreißen beim Halftern oder das

Schnappen bei Berührung. Im konventionellen Training wird oft versucht, diese Verhaltensweisen durch Strafe, zum Beispiel durch einen Klaps, das stimmliche Zurechtweisen oder einen Ruck am Halfter zu unterbinden. In den meisten Fällen wird das Verhalten damit zwar für einige Sekunden oder Minuten unterbrochen, kurz darauf aber auch wieder aufgenommen.

Kopfsenken als Alternativverhalten

Bereits das Halftern ist für einige Pferde längst nicht selbstverständlich.

Das Kopfhochreißen dient in diesem Fall dazu, das Halftern zu vermeiden. Am besten ist es natürlich, das Halftern neu zu trainieren und positiv zu besetzen. Für manche Pferde ist dieser Schritt allerdings schon zu groß, also benötigen wir zuerst eine Lösung, bei der uns das Pferd nicht mehr mit halb geschlossenem Halfter am erhobenen Kopf durch die Gegend zieht und es dennoch mitteilen kann, dass es jetzt gerade das Halfter nicht am Kopf ertragen kann.

Auch hier bietet sich wieder das Kopfsenken an. Ein Pferd, das den Kopf senkt, kann ihn nicht zeitgleich hochreißen. Damit ist das erste Kriterium des Alternativverhaltens erfüllt, wir haben ein mit dem unerwünschten Verhalten inkompatibles Verhalten gefunden.

Auch mit einem kopfscheuen Pferd könnten wir nun im ersten Schritt das Kopfsenken, wie im Abschnitt »Kopfsenken« beschrieben, trainieren. Sobald es dieses zeigt, können wir das Halfter dazunehmen. Wenn das Pferd den Kopf senkt, clicken wir, legen das Halfter zur Seite und geben ihm das Leckerchen. Der wahre Verstärker ist hierbei zunächst das Entfernen des Halfters, wir befinden uns also genaugenommen im Bereich der negativen Verstärkung. Mit steigender Anzahl der Wiederholungen und wachsender Sicherheit des Pferdes, wird das Entfernen des Halfters immer unwichtiger und der Click die relevante Information. Das Halfterbeispiel würde also auch ohne Click und Futter funktionieren, was in schwerwiegenderen Fällen manchmal sogar nicht anders geht, wenn das Pferd in der aktuellen Situation zu gestresst ist, um Futter zu nehmen. Gerade im Bereich der Gegenkonditionierung in Kombination mit einem Alternativverhalten kann die Furcht vor dem angsteinflößenden Gegenstand oft zunächst größer sein, als die Motivation zu fressen.

Was können wir also alternativ tun? Sehen wir uns das am Beispiel des Kopfhochreißens einmal genauer an. Zunächst einmal gilt es herauszufinden, ob das Pferd das Halftern selbst unangenehm findet, zum Beispiel, weil das Halfter zu eng ist und unangenehm an den Ohren scheuert oder weil es das Überstreifen über die Ohren nicht mag. Anschließend kann man auch noch ausschließen, ob das Pferd eventuell nur bei bestimmten Menschen so reagiert. In diesem Fall kann es auch an der Halftertechnik liegen. Bieten diese Fragen keinen weiteren Aufschluss und das Pferd ist auch nach dem Halftern entspannt und freudig bereit zur Mitarbeit, ist es eine weitere Möglichkeit, ein Alternativverhalten zum Kopfhochreißen zu trainieren.

Das Alternativverhalten als Handlungsalternative

Das Alternativverhalten kann auch noch in einem anderen Zusammenhang angewendet werden: als eine Art »Nein, danke«-Antwort des Tieres auf ein vom Trainer gegebenes Signal, falls es dieses gerade aus diversen Gründen nicht ausführen kann oder möchte. Nicht immer ist es für uns als Trainer auf den ersten Blick ersichtlich, warum ein Pferd einem gegebenen Signal, das normalerweise gut bekannt ist, nicht folgt. Ist das Signal doch noch nicht hinreichend und unter Ablenkung trainiert? Gibt es vielleicht eine körperliche Ursache? Ist das Pferd abgelenkt und hat das Signal nicht registriert? Fürchtet es sich vor dem Gegenstand?

In diesen Fällen gibt ein Alternativverhalten dem Pferd die Möglichkeit zu sagen: »Ja, ich habe dich registriert. Ja, ich möchte mit dir interagieren. Aber Nein, dieses konkrete Verhalten kann ich gerade nicht ausführen.«

Reagiert das Pferd mit einem anderen Verhalten – wie in diesem Fall dem Kopfsenken – kann es die eigentliche Übung vielleicht gerade nicht ausführen.

Auch an dieser Stelle bietet sich ein eindeutiges und einfach auszuführendes Verhalten an. Im Arbeitsbereich kann es zum Beispiel ein stationäres Target am Rand sein, das quasi wie eine »sichere Zone« beim Fangen spielen wirkt. Beim Führen kann es ein Berühren der strickführenden Hand oder ein Kopfsenken sein (wenn das nicht gerade das Trainingskriterium ist).

Wichtig ist, dass es ein konsequent verstärktes Verhalten ist, was als möglichst einziges Verhalten auch als Antwort auf das »falsche« Signal im Sinne der Signalkontrolle trotzdem verstärkt wird. Wird nämlich dieses Verhalten als unpassend oder ungewollt bestraft, nimmt man dem Pferd die Chance, das Konzept dahinter zu erkennen.

Chance und das magische Handtarget

Meine eigene Stute Chance ist sehr unsicher beim Führen außerhalb der bekannten Arbeitsbereiche und neigt bei Stress oder Angst zum Steigen, Buckeln, Stresswälzen und Losreißen. Da das alles Reaktionen sind, die uns beide in Gefahr bringen können, hat sie als Alternativverhalten das Berühren meiner Hand als »Handtarget« kennengelernt. Dafür gebe ich in diesem Kontext kein aktives Signal, sondern sie bekommt von mir, wann immer sie meine Hand berührt, einen Click und ein Leckerchen. Beim Führen halte ich meine strickführende Hand so, dass meine Stute diese jederzeit berühren kann, während der Strick locker durchhängt.

Auf einem Spaziergang kann es passieren, dass sie einen Kilometer am lockeren Strick neben mir läuft, ohne ein einziges Mal meine Hand zu berühren. Das Laufen wird in unregelmäßigen Abständen geclickt und belohnt und alles ist gut. Manchmal beginnt sie dann, aus mir nicht immer ersichtlichen Gründen, meine Hand zu berühren, wofür es ebenfalls Click und Leckerchen gibt. Wenn das auf einer kurzen Wegstrecke mehr als 4–5-mal passiert, nehme ich das als Anzeichen ihrer Unsicherheit und Vorwarnung und kann umdrehen oder die geplante Strecke ändern. Manchmal reicht es auch, die Seite zu wechseln, wenn sie zum Beispiel durch den Wald neben uns oder ein heran galoppierendes Pferd auf der Nachbarweide beunruhigt ist.

Tine

Das Handtarget kann in jeder Situation gezeigt werden und wird immer verstärkt.

Manchmal reicht es bereits aus, wenn der Mensch auf die bedrohlichere Seite wechselt.

Abwesenheit von Strafe

Eine ganz wichtige Grundvoraussetzung für den Erfolg der beschriebenen Konzepte ist die Abwesenheit von Strafe. Damit meinen wir nicht nur die Abwesenheit von positiver Strafe und körperlichen Sanktionen. Das sollte schon allein aus Tierschutzperspektive selbstverständlich sein.

Aber auch im Bereich der positiven Verstärkung ist die negative Strafe in gewisser Weise immer präsent. Denn bei schlechtem Timing kann unter Umständen bereits das Ausbleiben von Click und Leckerchen, zum Beispiel weil der Trainer abgelenkt war und das Verhaltensangebot nicht bemerkt hat, zu einer negativen Strafe für die Bemühungen des Pferdes werden. Für ein unsicheres Pferd kann das schon ausreichen, um Übersprunghandlungen zu zeigen, wenn die Verstärkungsrate zu niedrig wird.

Im Umgang mit ängstlichen Pferden oder unangenehmen Situationen gibt es oft noch einen weiteren Punkt, der leicht übersehen

Steht Heu auch während des Trainings zur freien Verfügung, kann das Pferd sich eine Auszeit nehmen – und Kauen beruhigt.

werden kann. Nur weil wir mit Click und Futter arbeiten, heißt es nicht automatisch, dass eine Übung für das Pferd auch angenehm ist. Stellen Sie sich zum Beispiel einmal vor, Sie würden Spagat lernen. Je nach Ihrer Fitness und Kondition wird nach einigen Wiederholungen ein Punkt kommen, an dem das Training körperlich unangenehm wird. Nehmen Sie nun weiterhin an, Ihr Trainer passt sich daran an

Die 5 Freiheiten

In den 1980er Jahren wurden vom britischen Farm Animal Welfare Council (FAWC) die sogenannten 5 freedoms als Tierschutzstandard veröffentlicht, die bis heute als Grundlage für viele verschiedene Richtlinien gelten.

- *Freiheit von Hunger und Durst*
- *Freiheit von haltungsbedingten Beschwerden*
- *Freiheit von Schmerz, Verletzungen und Krankheiten*
- *Freiheit von Angst und Stress*
- *Freiheit zum Ausleben normaler Verhaltensmuster*

und gibt Ihnen für jeden weiteren geschafften Durchgang eine hochwertigere Belohnung. Also zum Beispiel 5 Euro für den ersten Spagat, 50 Euro für den zweiten, 500 Euro für den dritten, 5000 Euro für den vierten ... An welchem Punkt wird der Schmerz so groß, dass Sie das Geld dankend ablehnen? Und wie würden Sie handeln, wenn es auch für das Nicht-Ausführen des Spagats eine kleine Geldsumme gibt?

Falls Ihr Pferd zum Beispiel beim Spritzentraining eine kleine Pause braucht, können Sie während des Trainings Heu zur freien Verfügung bereitlegen. So kann es sich jederzeit daran bedienen. Dadurch steckt es nicht in der Zwickmühle, sich zwischen einer unangenehmen Übung – für den positiven Verstärker Futter – oder dem Verlust der Möglichkeit, an Futter zu kommen, entscheiden zu müssen.

Eine scheinbar einfache Übung, wie das Führen in Stellung, kann für das Pferd bereits so anspruchsvoll sein, wie das Lernen des Spagats für uns.

Für viele Pferde ist dieser unterschwellige Druck einer der Hauptauslöser für Übersprunghandlungen wie Schnappen oder aus der Übung auszusteigen. Denn im Normalfall gibt es die Aufmerksamkeit des Menschen und das heiß begehrte Clickerfutter nur dafür, »richtig« zu reagieren. Dabei ist den Pferden das Kriterium oft genau bewusst, aber gerade bei körperlich anspruchsvollen Übungen sind sie manchmal gar nicht in der Lage, diese Übung korrekt aus zuführen. Oder dieser Punkt wird, obwohl das Pferd die Übung an sich kann, durch zu häufige Wiederholungen erreicht, wie zum Beispiel beim Training von Kompliment und Co.

Schnell bringen wir als Trainer unsere Pferde an einen Punkt, an dem sie die geforderten Kriterien nicht mehr erfüllen können, und »bestrafen« sie dann zusätzlich durch das Ausbleiben des Verstärkers. »Bestrafen« in diesem Fall nicht streng im Sinne der Lerntheorie, aber durch eine doppelt unangenehme Situation für das Pferd. Achten Sie bei Stressanzeichen Ihres Pferdes ganz besonders auf Ihren Trainingsaufbau!

Fallstricke

Die beschriebenen Konzepte funktionieren nur, wenn wir bereit sind, die Antworten unserer Pferde ernst zu nehmen und entsprechend zu reagieren. Je öfter wir auf ein »Nein, ich kann das gerade nicht.« mit einem »Doch, mach es trotzdem.« reagieren, desto weniger lohnt es sich für das Pferd, dieses Verhalten zu zeigen.

Bei allem Ernst – Training soll Spaß machen!

Gerade im Umgang mit ängstlichen und unsicheren Pferden, für die schon die

Besonders im Alter, wenn Krankheiten und Pflegeaufwand zunehmen, ist es wichtig, das Pferd nicht nur als die Summe seiner Probleme zu betrachten, sondern alle seine Facetten seiner Persönlichkeit zu schätzen und zu fördern.

normalen Anforderungen des Alltags große Herausforderungen sind, ist es wichtig, dennoch den Spaß nicht aus den Augen zu verlieren. Wenn wir unser Pferd nur als Summe seiner Probleme sehen und danach bewerten, wie viele dieser Probleme noch erledigt werden müssen, bevor unser Pferd ein »ganz normales Pferd« ist, leiden darunter meistens alle Beteiligten.

Beim Training mit positiver Verstärkung gibt es den schönen Leitspruch: »Beginne nicht mit deinem Ziel.« Das sollten wir uns im Umgang mit unseren Pferden immer wieder vor Augen halten. Kaum etwas auf der Welt ist so wichtig, dass es ein Pferd unter allen Umständen und immer und am besten von Geburt an können muss. Ein Pferd, das nicht gespritzt werden kann, kann von einem Tierarzt mit Hilfe eines Blasrohres sediert werden, sodass notwendige Eingriffe vorgenommen werden können. Ein Pferd, was mit keinem Kopfstück geführt werden kann, kann dennoch in einem sicheren Areal lernen, einem Targetstick zu folgen. Ein Pferd, das Panik vor fremden Personen hat, kann in einem Stall leben, zu dem nur ausgewählte Personen Zutritt haben. Mit einem Pferd, das aktiv auf Menschen losgeht, kann hinter einer sicheren Absperrung gearbeitet werden, so wie es im Training mit Wildtieren die Regel ist. Mit gutem Management kann man immer eine Umgebung für Pferd und Mensch schaffen, in der beide sicher leben und miteinander umgehen können.

Hat man also ein wenig Zeit und Gedanken investiert, um eine sichere Trainingsumgebung zu schaffen, kann man die gemeinsame Zeit nutzen, um schöne gemeinsame Erfahrungen zu machen und Erfolgserlebnisse zu schaffen. Ein Pferd, das beim Reiten jeden Reiter abbuckelt, kann ein absoluter Agility-Star werden. Und könnte die Energie des dauerschnappenden Minishettys nicht dafür genutzt werden, ihm beizubringen, Gegenstände auf Signal anzureichen? Vielleicht ist auch die Stute, die alleine im Gelände in Panik gerät, in der Gruppe eine absolute Lebensversicherung, da sie kein Fahrzeug der Welt beunruhigen kann. Oder kann der Wallach, der bei jeder Berührung des Zügels beißt, alle Übungen bis zur Hohen Schule auch ohne Kopfstück lernen?

Lassen Sie sich nicht von den vermeintlichen Einschränkungen Ihres Pferdes im Alltag beschränken. Probieren Sie die Dinge aus, an denen Sie gerne gemeinsam mit Ihrem Pferd Freude hätten. Nur so finden Sie heraus, was alles in ihm steckt. Üben Sie neben den Dingen, die notwendig sind, auch die, die Ihnen und Ihrem Pferd Spaß machen. Je mehr Erfolgserlebnisse Sie gemeinsam haben, desto weniger werden Sie Rückschritte aus der Bahn werfen.

Je mehr schöne Zeit Sie gemeinsam mit Ihrem Pferd verbringen, desto mehr zahlen Sie in Ihr Beziehungssparschwein ein.

Auch ein vernünftiger Insektenschutz kann die Lebensqualität eines empfindlichen Pferdes entscheidend beeinflussen und Training überhaupt erst ermöglichen.

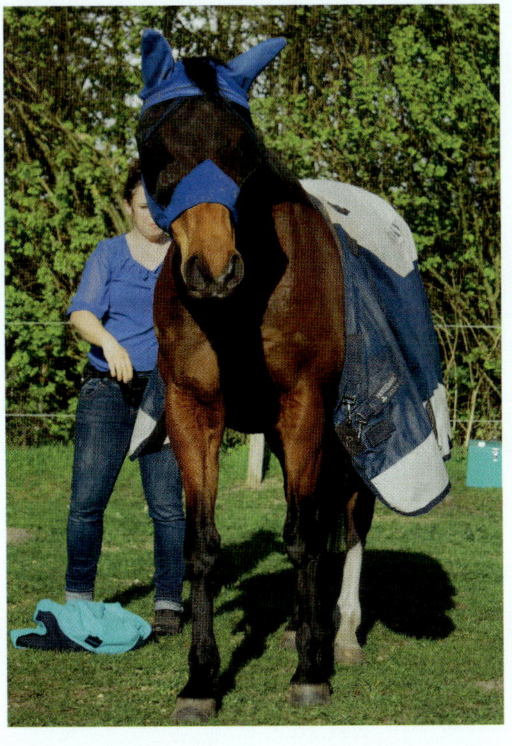

Stellen Sie sich die gemeinsam verbrachte Zeit wie ein Sparschwein vor. Wann immer Sie und Ihr Pferd ein schönes Erlebnis haben, zahlen Sie etwas in dieses Sparschwein ein. Und wenn etwas Unangenehmes passiert – zum Beispiel ein Unfall, ein Klinikbesuch, ein Tag, an dem Sie Ihr Pferd ungerecht behandeln, weil Sie selbst sich zu viel zugemutet haben – entnehmen Sie etwas aus diesem Sparschwein. Ganz egal, ob diese Ein- und Auszahlungen sich auf eine konkrete Übung beziehen oder den ganz normalen Alltag – je mehr Sie einzahlen, desto stärker wird Ihre Beziehung und desto weniger kann Sie etwas langfristig aus der Bahn werfen.

Und wann haben Sie eigentlich das letzte Mal ein Picknick neben der Pferdeweide gemacht und Ihr Pferd einfach nur in seinem Alltag beobachtet?

Teil IV –

Praxisübungen

Soweit wir es Ihnen nicht bereits an anderer Stelle im Buch beschrieben haben, möchten wir Ihnen an dieser Stelle noch einige nützliche Praxisübungen für den Alltag vorstellen. Die Liste der Übungen ist dabei in unterschiedliche Themenbereiche gegliedert. Die meisten der beschriebenen Übungen haben das Ziel, den Pferden einen möglichst mitbestimmten und damit stressfreien Alltag zu ermöglichen und problematische Situationen gar nicht erst entstehen zu lassen. Hat Ihr Pferd mit einer dieser Übungen bereits schlechte Erfahrungen gemacht oder äußert Stress und Unwohlsein, raten wir Ihnen, einen Trainer vor Ort mit einzubeziehen. Im Rahmen dieses Buches ist es nicht möglich auf die vielen Feinheiten einzugehen, die im Fall des Falles den Unterschied zwischen erfolgreichem Training und einer Re-Traumatisierung ausmachen.

Sehen Sie die beschriebenen Übungen als Anregung und nutzen Sie die im zweiten Teil des Buches beschriebenen Fertigkeiten, um sich Ihren ganz individuellen Trainingsplan zu erstellen. Überlegen Sie dazu, was Ihr Pferd bereits kann und welche Schritte Sie zum Ziel bringen. Auf der Webseite zum Buch finden Sie Trainingspläne und Videobeispiele zur Anregung.

Entspannung geht durch den Magen – Training mit Futter.

In den nachfolgend beschriebenen Übungen steht die Arbeit mit Futter im Rahmen der positiven Verstärkung im Vordergrund. Die angenehmen Gefühle, die bei dieser Arbeit entstehen, bieten einen guten Gegenpol zu den unangenehmen Gefühlen, die in Angst- und Stresssituationen entstehen. Dennoch ist auch das Wissen um und die Arbeit mit negativer Verstärkung im Umgang mit Angstsituationen wichtig. Sehen Sie die beschriebenen Übungen daher als Anregungen, wie Sie Ihrem Pferd wichtige Skills zur Alltagsbewältigung vermitteln können, aber passen Sie sie gerne an Ihren normalen Alltagsumgang an.

Entspannung geht durch den Magen – Futter aus der Hand nehmen

Viele Probleme beim Füttern entstehen dadurch, dass das Pferd in einer ungünstigen Haltung gefüttert wird. Üben Sie also zunächst einmal eine neutrale und entspannte Futterübergabe. Im Lauf der Zeit können Sie die Position Ihrer Futterhand anschließend je nach Übung variieren. Zunächst einmal beziehen wir uns auf die einfache Fütterung im Stand. Achten Sie beim Füttern darauf, selbst entspannt und ausbalanciert zu stehen. Halten Sie dabei Ihre Hand mit ausgestrecktem Arm ungefähr auf Buggelenkshöhe Ihres Pferdes. Dieses sollte seinen Kopf und Hals gerade und entspannt vor dem Körper halten können, während alle vier Hufe am Boden stehen, ohne dabei das Gewicht nach vorne, nach hinten oder zur Seite verlagern zu müssen.

So sollte es aussehen – Pferd und Mensch stehen beim Füttern ausbalanciert.

Und so lieber nicht – beide sind aus der Balance geraten.

Am Verhalten Ihres Pferdes können Sie dabei gut erkennen, ob einer dieser Punkte noch etwas mehr Übung bedarf. Oft erleben wir, dass Pferdebesitzer das Füttern von Leckerchen wieder einstellen, da das Pferd direkt zum Krokodil auf vier Hufen mutiert. Die Erklärung ist dann meistens, dass man mit diesem Pferd eben nicht mit Futter arbeiten kann. Dabei kann jedes Pferd lernen, sein Futter vorsichtig und höflich aus der Hand zu nehmen. Dazu braucht es nur ein wenig Übung. In vielen Fällen resultiert das Schnappen nach dem Futter nämlich aus einer unglücklich gewählten Futterposition oder dem reflexartigen Zurückziehen der Futterhand. Sie haben bestimmt auch schon einmal gesehen, wie ein Kind einem Pferd ein Leckerchen geben wollte - und es in der letzten Sekunde fallen gelassen hat. Besonders wenn das Pferd am Anfang noch etwas stürmisch reagiert, ist es schwierig, dabei selbst ruhig und balanciert zu bleiben.

Futterlob auf Signal – die Konditionierung

Checkliste: Belohnungsfutter

Nachdem Sie mit Ihrem Pferd die Futtergabe geübt haben, können Sie im nächsten Schritt ein Markersignal konditionieren. Dieses Markersignal, also zum Beispiel ein bestimmtes Geräusch oder Wort, signalisiert Ihrem Pferd, welches Verhalten Sie genau verstärken wollen. Stellen Sie sich das Markersignal dabei wie den Auslöser beim Fotografieren vor, mit dem Sie den genauen Moment einfangen können, den Sie in Zukunft gerne häufiger erleben möchten. Als Markersignal kann alles dienen, was vom Pferd deutlich von der Umgebung zu unterscheiden ist – zum Beispiel ein Geräusch (akustisch), eine Geste (visuell), eine Berührung (taktil) oder ein Geruch (olfaktorisch).

Für die Verknüpfung des Markersignals mit dem folgenden Futter ist die Reihenfolge der Ereignisse wichtig. Sagen oder geben Sie zunächst Ihr Signal und greifen Sie anschließend in die Futtertasche, um Ihrem Pferd auf die vorher geübte Weise ein Leckerchen zu geben. Nehmen Sie anschließend wieder eine neutrale Körperhaltung ein, um einen neuen Durchgang zu starten. Dies ist wichtig, damit Ihr Pferd die Reihenfolge der Ereignisse erkennen kann, also, »Wenn mein Mensch mit der Futtertasche neben mir steht und das Markersignal ertönt, dann folgt anschließend ein Leckerchen«.

Das Markersignal signalisiert dem Pferd, welches Verhalten zum anschließenden Futterlob führt.

Um Ihrem Pferd die Verknüpfung noch weiter zu erleichtern, können Sie bereits jetzt damit beginnen, ein Verhalten zu trainieren. Dazu bietet sich zum Beispiel das Berühren eines Targets an, wie im nächsten Abschnitt beschrieben. Da das Training mit Markersignal im allgemeinen Sprachgebrauch oft als Clickertraining bezeichnet wird, verwenden wir nachfolgend den Begriff Clicken als Synonym für »Geben Sie Ihr Markersignal«. Auch für die Arbeit mit negativer Verstärkung können Sie theoretisch ein Markersignal einführen, auch wenn dies in der Praxis nur selten so angewendet wird. Geben Sie dieses immer, bevor Sie den unangenehmen Reiz entfernen oder sich von ihm abwenden.

Annäherung und Rückzug – wenn nichts mehr geht

Bevor wir in den folgenden Abschnitten genauer auf die Arbeit mit Futterverstärkung eingehen, lassen Sie uns an dieser Stelle zunächst damit beginnen, was Sie tun können, wenn die Arbeit mit Futter nicht möglich ist. Dies kann zum Beispiel sein, weil Ihr Pferd schon viel zu aufgeregt ist, um überhaupt noch Futter zu nehmen oder sich in einer Situation befindet, in der eine Futtergabe nicht möglich ist. Bei der Arbeit

Helfen Sie Ihrem Pferd dabei, sich von einem Angstauslöser abzuwenden, bevor der Fluchtinstinkt die Kontrolle übernimmt.

Trainingsplan+Video: Annäherung & Rückzug

mit Annäherung und Rückzug können wir uns die Prinzipien der negativen Verstärkung zunutze machen. Vereinfacht gesagt wird dabei ein erwünschtes Verhalten des Pferdes durch das Entfernen von einem unangenehmen Reiz verstärkt. Im ersten Schritt ist es dazu wichtig, zu definieren, welches Verhalten des Pferdes erwünscht ist. Das Prinzip der Vorgehensweise ist dabei immer ähnlich.

Abwenden von einem Auslöser

Bei einem angstauslösenden Reiz in der Entfernung kann Ihr Pferd lernen, dass ihm andere Möglichkeiten zur Distanzerhöhung zur Verfügung stehen, als sich loszureißen und davon zu rennen. Dies kann zum Beispiel ein Ansehen des Auslösereizes sein, ein Schritt in die Richtung des Auslösers, das Berühren des Handtargets oder ein Kopfsenken. Wie Sie Ihrem Pferd ein Handtarget oder Kopfsenken beibringen können, erfahren Sie im Verlauf dieses Kapitels. Zeigt Ihr Pferd nun dieses Verhalten, nachdem es etwas Beängstigendes entdeckt hat, können Sie Ihr Pferd wenden und sich gemeinsam mit ihm ein Stück vom Auslöser entfernen. Das Verhalten – nehmen wir an dieser Stelle das Kopfsenken – wird durch die erhöhte Distanz zum Auslöser, zum Beispiel einem Traktor in der Ferne, verstärkt und dadurch zukünftig häufiger gezeigt.

Nach einem kurzen Moment zum gemeinsamen Durchatmen können Sie sich nun mit Ihrem Pferd wieder dem Angstauslöser zuwenden und den vorherigen Schritt wiederholen. Sobald das Pferd erkennt, dass es durch das Kopfsenken ein Abwenden vom

Traktor herbeiführen kann, kann es das Kopfsenken als Bewältigungsstrategie nutzen und das parasymphatische Nervensystem übernimmt die Kontrolle. Manchmal reicht auch schon das Wechseln der Führseite, sodass Sie sich zwischen Ihrem Pferd und dem Auslösereiz befinden. Auch optische Barrieren wie Zäune können die gefühlte Distanz zu einem Auslösereiz erhöhen.

Neue Wege können Sie sich auf dieselbe Art mit Ihrem Pferd erarbeiten. Gehen Sie so weit in die neue Richtung, wie Ihr Pferd noch keine Anzeichen für starkes Unwohlsein zeigt. Halten Sie an einer geeigneten Stelle an und kehren Sie gemeinsam mit Ihrem Pferd um. So wird das Entfernen von einem sicheren Ort durch die Rückkehr zu diesem Ort verstärkt. Aber Achtung – Fallstrick! Drehen Sie immer dann um, wenn Ihr Pferd bereits am Strick zieht, nervös auf der Stelle trippelt oder Sie über die Schulter zur Seite drängt, werden diese Verhaltensweisen ebenfalls durch das anschließende Umdrehen verstärkt. Nicht wenige Pferdebesitzer haben so unabsichtlich diese unerwünschten Verhaltensweisen verstärkt.

Im Fall des Falles ist es unserer Meinung nach immer besser, in solch einer Situation dennoch umzudrehen oder die Situation schnellstmöglich anderweitig zu verlassen, denn es macht keinen Sinn, eine Eskalation gezielt herbeizuführen. So gefährden Sie im schlimmsten Fall Ihr Pferd, Unbeteiligte und

Übungen wie der Halftergriff können dabei helfen, einen Anspannungsmoment abzufangen.

sich selbst. Nehmen Sie sich anschließend die Zeit, im sicheren Umfeld Entspannungsübungen zu festigen, damit sich solche Situationen möglichst nicht zu oft wiederholen.

Umgang mit unangenehmen Berührungen

Auch in der umgekehrten Situation, also, wenn sich etwas an das Pferd annähert, dass es beängstigend findet, finden die Prinzipien der negativen Verstärkung Anwendung, wie im Kapitel zur Systematischen Desensibilisierung und Gegenkonditionierung beschrieben. Egal ob es der Wasserschlauch ist, das Fliegenspray, neue Ausrüstungsgegenstände oder die Hand des Tierarztes – der richtige Moment, diese Annäherung zu unterbrechen und den Gegenstand zu entfernen ist, wenn das Pferd erwünschtes Verhalten zeigt. Dies kann das Berühren eines Targets sein, das Kopfsenken, ruhiges Stehen als Standardverhalten oder jedes andere Verhalten Ihres Pferdes, das für Sie erwünscht ist. Theoretisch könnten Sie Ihrem Pferd auf diese Weise auch Kopfschütteln oder Flehmen beibringen – den praktischen Nutzen dieser Verhaltensweisen außenvorgelassen.

Auch mit sehr scheuen oder ängstlichen Pferden ist diese Vorgehensweise sinnvoll. Nähern Sie sich immer nur so weit an das Pferd an, dass Sie seine Fluchtdistanz nicht unterschreiten. Warten Sie, bis das Pferd eine gewünschte Verhaltensweise zeigt, zum Beispiel der aktive Blick zu Ihnen oder Entspannungszeichen und entfernen Sie sich anschließend ein Stück. So können Sie die Entfernung zum Pferd nach und nach verringern, während das Pferd Kontrolle über die Situation erlebt und so lernen kann, sich in Ihrer Nähe immer weiter zu entspannen.

Das Tricktraining hilft Ihrem Pferd dabei, in spielerischem Kontext neue Gegenstände kennenzulernen.

Sicherheit zuerst – die Grundlagen

Nachfolgend stellen wir Ihnen die wichtigsten Grundlagenübungen vor, die wir mit unseren Pferden trainieren. Zusammen mit dem Target-Training sind Sie so für viele potenziell stressige Situationen gewappnet.

»Höflichkeit« – Das Standardverhalten

Bestimmt haben Sie schon an der ein oder anderen Stelle davon gehört oder gelesen, dass dem Pferd für das Training mit Futter eine sogenannte »Höflichkeitsübung« beigebracht werden soll. Die Idee dahinter ist, dass das Pferd auch in der Nähe von Futter mitdenken und mitarbeiten kann, ohne mit seinem Fokus permanent nur auf der Futtertasche oder der Futterhand zu sein. Früher wurde dazu oft das Kopfabwenden trainiert, was sich allerdings für den Trainingsalltag nur als wenig sinnvoll erwiesen hat. Ein Pferd, das dauerhaft den Kopf vom Menschen abwendet, ist in einer ungünstigen Ausgangsposition und -balance für die weiteren Anforderungen, die wir im Trainingsalltag haben.

Ebenfalls macht es nur wenig Sinn, die Höflichkeitsübung mit einem extra Wortsignal zu belegen. Dies soll dazu genutzt werden, das Pferd in einem »unhöflichen« Moment – also, wenn es ein unerwünschtes Verhalten zeigt – daran zu erinnern, welches Verhalten es eigentlich zeigen soll. Dabei gibt es allerdings ein Problem. Wie Sie in diesem Buch bereits erfahren haben, ist auch ein Signal ein Verstärker. Wenn Sie also zum Beispiel dem scharrenden Pferd sagen »Sei höflich!« und es daraufhin den Kopf abwendet, was wiederum mit Click & Leckerchen verstärkt wird, lernt es, dass das Scharren sich lohnt. Das Scharren wird so in Zukunft häufiger, statt seltener. Genauso wie das permanente Kopfabwenden in Anwesenheit von Futter ist auch dieser Ansatz heutzutage überholt.

Starkes Kopfabwenden als Höflichkeitsübung hat viele Nachteile und ist daher in der Regel nicht zu empfehlen.

Beim Kopfsenken steht die gemeinsame Entspannung im Vordergrund.

Dennoch macht es für alle Seiten Sinn, wenn das Pferd sich in Anwesenheit von Futter beherrschen und konzentrieren kann. Im Theorieteil haben wir Ihnen dazu bereits das Standardverhalten vorgestellt, welches wir im entsprechenden Abschnitt des Praxisteils noch genauer erläutern.

Kopfsenken – Entspannung auf Signal

Für jedes Training ist es wichtig, dass unser Pferd entspannen kann, um nicht versehentlich unerwünschte Gefühle wie Aufregung oder Nervosität mit zu verstärken. Körper, Geist und Seele sind eine Einheit. Menschen können Emotionen verändern, indem sie ihre Gedanken verändern. Jeder, der das schon mal versucht hat, weiß aber: So leicht, wie sich das anhört, ist eine dauerhafte Veränderung unserer Gedankenwelt leider nicht. Es gibt allerdings einen Trick, denn Emotionen sind beim Pferd, genauso wie bei uns Menschen, sehr eng an Körperhaltungen gekoppelt. Das kennen Sie vielleicht von sich selbst. Es fällt ziemlich schwer, so richtig lustig und fröhlich zu sein, während Sie zusammengesunken und mit hängenden Schultern auf einem Stuhl sitzen. Wenn Sie allerdings aufrecht stehen und tief in den Bauch atmen und aus dieser Position einfach mal herzhaft lachen, ist die Wahrscheinlichkeit sehr groß, dass Sie sich wirklich fröhlicher fühlen.

Diesen Effekt nutzen wir auch beim Training mit unserem Pferd. Pferde können nicht angespannt sein und gleichzeitig mit tiefem Kopf, in langsamem Grundtempo und eventuell sogar mit Schnauben oder entspannten Lippen und Nüstern neben ihrem Menschen her schlendern. Entspannung ist der Schlüssel für wirklich gelungenes Lernen und die Kommunikation mit dem Pferd. So können Sie Ihrem Pferd auch aktiv helfen, sich wohl und sicher zu fühlen. Im besten Fall und mit einiger Übung stellt sich ein inneres Gleichgewicht ein. Allein dieses Wohlgefühl ist schon ein sehr starker Verstärker für das Pferd.

Diese Übung stärkt außerdem die Beziehung zum Pferd und hat so viele positive Nebeneffekte, dass wir die Entspannungshaltung als Ausgangspunkt für jegliches Training empfehlen. So bekommen Sie auch ein Gefühl dafür, wie sich Ihr Pferd aktuell fühlt und können Ihr Training direkt daran anpassen. Wichtig dabei ist, das Verhalten immer wieder positiv aufzuladen und an andere Verhaltensweisen zu koppeln. Ganz nebenbei ergeben sich so viele Wiederholungen und Ihr Pferd erhält viele Belohnungen für Entspannung auf Signal. So sollte jedes Pferd sehr früh lernen, die Entspannungshaltung in unterschiedlichen Gangarten zu zeigen, neben dem Menschen und beim Reiten.

Auch wir Menschen profitieren davon, gelassen und entspannt zu sein und diese innere und äußere Haltung so oft wie möglich zu üben. Wir können schließlich nicht von unserem Pferd erwarten, in unserer Gegenwart zu entspannen, wenn unsere Körperhaltung dem Pferd etwas Anderes suggeriert. So können wir Menschen bei dieser Übung neben einer entspannten Körperhaltung auch bewusst auf positive Gedanken achten. Nutzen Sie die Übung und denken Sie dabei an besonders schöne Momente mit ihrem Pferd. Über eigenes tiefes Ausatmen, eine sanfte Berührung am Mähnenkamm oder mit Hilfe eines Targets können Sie Ihr Pferd nun dazu animieren, den Kopf zu senken und durch bodennahe Futtergabe oder sanftes Kraulen diese Position einen Moment zu halten. Beim Kopfsenken geht es nicht darum, den Pferdekopf mit Hilfsmitteln nach unten zu zwingen. Immerhin muss das Pferd mit gesenktem Kopf seinen Rundumblick aufgeben und begibt sich so potenziell in eine verletzliche Position. Um sich wirklich entspannen zu können, ist eine ruhige und vertrauensvolle Atmosphäre beim Üben wichtig.

Der Halftergriff ist eine hilfreiche Entspannungsübung für den Alltag und besonders auch für den Trainingseinstieg geeignet.

Der Halftergriff

Der Halftergriff ist eine Übung, bei der das Pferd lernt, sich bei Berührungen am Kopf zu entspannen. Dies bereitet das Pferd auf viele unterschiedliche Lebenslagen und Situationen vor, die wir Ihnen nachfolgend vorstellen. Der Halftergriff steht beispielhaft für ein lockeres Greifen mit der Hand ins Kopfstück des Pferdes, egal ob es sich dabei um ein Halfter, eine Trense oder einen Kappzaum handelt. Dabei gibt es unterschiedliche Möglichkeiten – besonders verbreitet sind dabei der Griff in den Kinnriemen oder das Backenstück mit einer Hand oder beidseitig.

Trainingsplan+Video: Halftergriff

Es geht beim Halftergriff nicht darum, das Pferd so lange festzuhalten, bis es den Kopf stillhält. Greifen Sie mit 2–3 Fingern locker in das Halfter und warten Sie auf den Moment, in dem ihr Pferd ein wenig in der Muskelspannung nachlässt. Atmen Sie am besten selbst dabei tief aus, sodass der Halftergriff von Anfang an mit möglichst viel Entspannung verknüpft wird. Nun können Sie Ihr Markersignal geben, das Halfter mit einer ruhigen

Generalisierung des Halftergriffes – das Pferd lernt, dass all die unterschiedlichen Griffvarianten dieselbe Bedeutung haben.

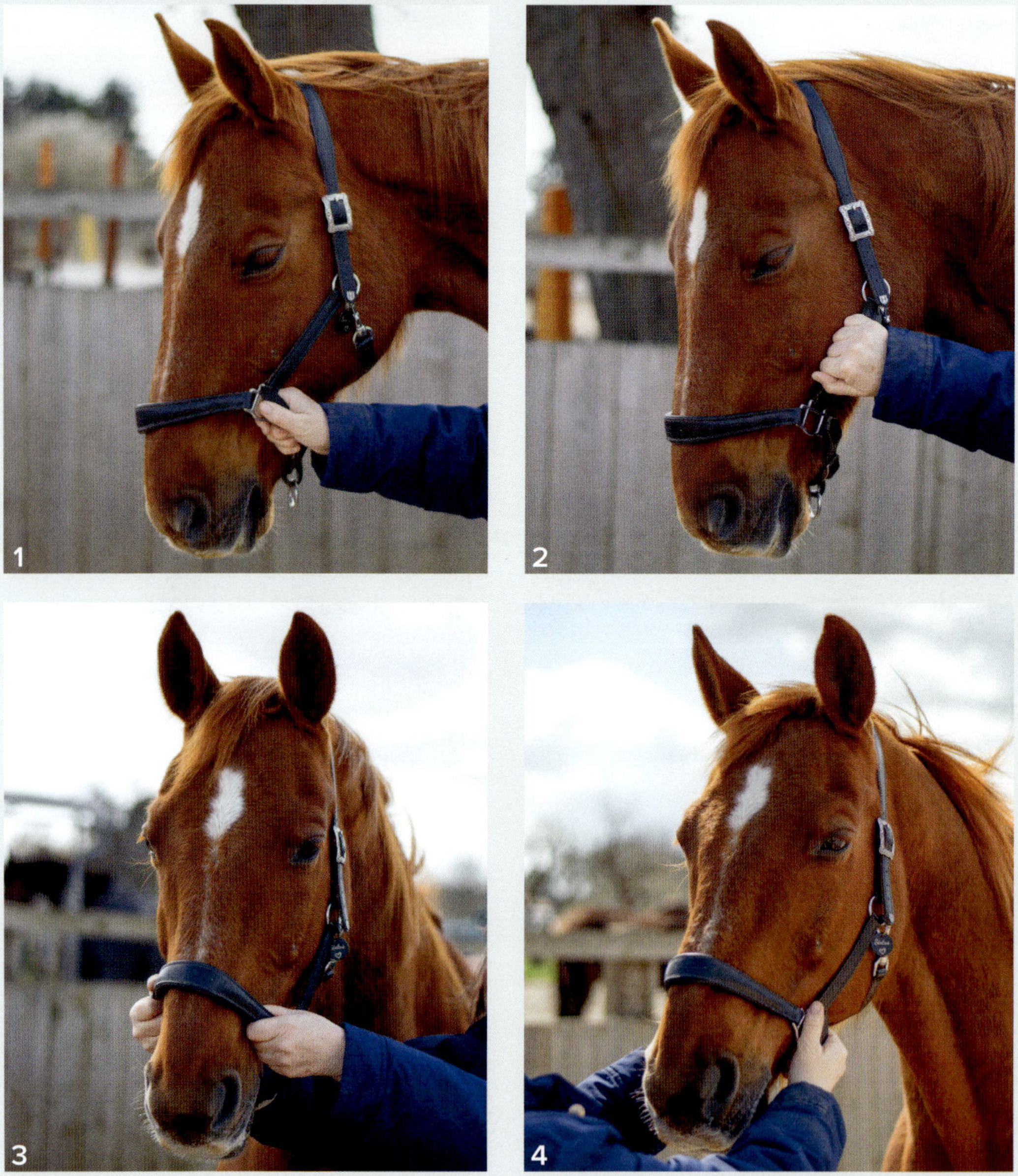

Bewegung loslassen und Ihrem Pferd ein Leckerchen geben. Sollte ihr Pferd den Kopf wegziehen wollen, lassen Sie Ihre Finger einfach aus dem Halfter gleiten, sodass Ihr Pferd den Griff ins Halfter nicht mit einer beunruhigenden Fixierung verknüpft.

Nach einer Weile werden Sie bemerken, dass Ihr Pferd Ihnen mit dem Kopf bereits ein wenig entgegenkommt und oft ganz still und konzentriert wird, das Kauen einstellt und die Ohren aufmerksam nach vorn richtet, sobald es Ihre Hand am Kopfstück spürt. Diesen Effekt können Sie sich in zukünftigen stressigen Situationen zunutze machen, denn wenn Sie Ihr Pferd wirklich einmal fixieren müssen oder es mit dem Halfter irgendwo hängen bleibt, laufen diese Entspannungsmechanismen im besten Fall quasi automatisiert ab.

Nachfolgend finden Sie einen Überblick über Situationen, in denen der Halftergriff Ihnen nützlich sein kann:

- Führen des Pferdes, wenn kein Strick zur Verfügung steht.
- Stabilisierung des Kopfes bei der Verabreichung von Medikamenten wie Wurmkur, Augentropfen und Co.
- Behandlungen im Kopfbereich durch Tierarzt, Zahnarzt oder während der Physiotherapie.
- Gymnastizierende Übungen im Kopfbereich wie begleitetes Stellen oder Kopfsenken.
- Fixieren des Pferdes in einer Stresssituation.
- Gewöhnung an Berührungen im Kopfbereich.
- Umgang bei Hängenbleiben mit dem Kopf, zum Beispiel, wenn der Strick übers Genick gerät.
- Welche Anwendungsbeispiele fallen Ihnen ein?

Legen Sie die Hand leicht ans Halfter und warten Sie auf einen Moment, in dem Ihr Pferd Entspannungszeichen zeigt.

Trainingsplan+Video:
Targettraining

Targets

Als Target bezeichnet man einen Gegenstand, den das Pferd mit einem bestimmten Körperteil berühren soll. Dabei ist das Wort »Target« englisch und bedeutet übersetzt »Ziel«. Targets begegnen uns im Alltag überall. Dazu gehören zum Beispiel Knöpfe auf Fernbedienungen, Türgriffe, Schlüssellöcher oder das Gaspedal im Auto. Jeder dieser Gegenstände ist dabei mit einer Information verknüpft:

- Wenn Du das Gaspedal mit dem Fuß berührst, fährt das Auto los.
- Wenn Du den großen roten Knopf auf der Fernbedienung mit dem Finger berührst, schaltet sich der Fernseher ein.
- Wenn Du diesen Türgriff mit der Hand berührst, öffnet sich die Tür.
- Wenn Du den Schlüssel in das Schlüsselloch steckst und drehst, öffnet sich die Tür.

Das sind natürlich recht vereinfachte Beispiele, aber sie zeigen, dass Targets dazu dienen, uns Informationen über unsere Umgebung und ihre Funktion zu vermitteln. Genauso können die Pferde lernen, dass bestimmte Gegenstände in Kombination mit einer Bewegung zu etwas Erwünschtem, wie zum Beispiel Futter, führen. So können wir ihnen auf einfache Weise erklären, welches Verhalten an welchem Ort sinnvoll ist. Dinge, die man mit Hilfe von Targets trainieren kann sind zum Beispiel:

- Berührung im Stand an fester Position
- Berührung im Stand an unterschiedlichen Positionen
- Folgen in Bewegung während der Berührung
- Folgen in Bewegung bis zur Berührung
- Folgen des Targets unabhängig von der Position des Menschen
- An einem Target stehen bleiben

Nasentarget und weitere Kopftargets

Ein ganz besonderes Target ist das so genannte Handtarget oder Nasentarget. Während normalerweise immer das Körperteil benannt wird, mit dem das Pferd den Target-Gegenstand berührt – zum Beispiel Hüfttarget, Schultertarget, Ohrtarget oder Röhrbeintarget – wird in diesem Sonderfall der Target-Gegenstand selbst, nämlich die Hand des Menschen, angesprochen. Dieses Target hat man stets bei sich, man kann es sehr flexibel verwenden. Das Pferd kann es einfach auf andere Menschen übertragen und man kann die Hand im nächsten Moment wieder normal verwenden.

Eines der einfachsten Targets ist das Hand- oder Nasentarget, bei dem das Pferd die Hand des Menschen mit den Nüstern berührt.

Das Nasentarget kann im Verlauf des Trainings viele wichtige Funktionen erfüllen. Das Pferd kann lernen, seinen Kopf an der Hand des Menschen zu positionieren, was eine wertvolle Grundlage für die weitere Arbeit in Stellung und weiterer gymnastizierender Lektionen ist. Man kann das Pferd mit Hilfe des Nasentargets führen, auch wenn kein Kopfstück vorhanden ist. Das Pferd kann außerdem Lernen, weitere Kopfpartien, wie zum Beispiel die Wange, Ohren oder Augen an die Hand des Menschen zu Schmiegen, was eine Grundvoraussetzung für viele notwendige medizinische Untersuchungen und Behandlungen darstellt.

Mensch als Target

Auch der Mensch und seine relative Position zum Pferd kann schnell zu einem Target werden. Dabei lernt das Pferd, dass es sich lohnt, sich in einem bestimmten Winkel und mit einer bestimmten Distanz zum Menschen zu bewegen. Clicken Sie dazu immer, wenn das Pferd auf der von Ihnen gewünschten Position, zum Beispiel mit einer Armlänge Abstand und mit der Halsmitte neben Ihrer Schulter, neben Ihnen läuft.

Bodentarget – die Matte

Ein weiteres wichtiges Target ist das sogenannte Bodentarget. Oft wird dafür zum Beispiel ein Autofußmatte oder ein kleiner Teppich verwendet. Das Pferd lernt, mit den Vorderhufen auf dem Bodentarget zu stehen. Nach und nach wird das Bodentarget so zu einem sicheren Ort »zum Mitnehmen«. Die Matte können Sie, ähnlich wie die Decke Ihres Hundes oder das Lieblingskuscheltier Ihres Kindes mitnehmen, um Ihrem Pferd in einer unbekannten oder beängstigenden Umgebung Sicherheit zu geben.

Die unterschiedlichsten Gegenstände können zu einem Bodentarget werden.

Die Nullposition als Standardverhalten – auch in aufregender Umgebung eine gute Möglichkeit, zwischendurch zu entspannen und einen Moment durchzuatmen.

Trainingsplan+Video: Standardverhalten

Kooperationssignale

Mit Hilfe der Kooperationssignale können Sie Ihrem Pferd mehr Mitbestimmung über den Trainingsaufbau geben, was besonders im Umgang mit ängstlichen Pferden für mehr Sicherheit sorgt. Die Kooperations- oder Initiatorsignale haben Sie bereits im Theorieteil kennengelernt. Nachfolgend geben wir Ihnen weitere Anregungen dafür, wie Sie diese konkret im Trainingsalltag anwenden können.

Standardverhalten

Das Standardverhalten ist ein Verhalten, welches das Pferd in Abwesenheit anderer Signale und beim Warten auf ein neues Signal zeigen kann und soll. So hat es immer eine konkrete Handlungsalternative dazu, wahllos alle möglichen Verhaltensweisen anzubieten und abzuspulen. Dabei kann sich das Standardverhalten je nach Kontext unterscheiden – wichtig ist, dass das Pferd sich dadurch in einer guten Ausgangsbasis für den folgenden Übungsdurchgang befindet. Ein weit verbreitetes Standardverhalten ist die so genannte Nullposition. Dabei befinden sich alle Hufe am Boden, das Pferd trägt den Hals und Kopf gerade vor dem Körper ungefähr auf Buggelenkshöhe und wartet mit entspanntem Muskeltonus auf ein Signal des Menschen. Auch das Kopfsenken oder das Stehen auf einer Matte kann ein sinnvolles Standardverhalten sein.

Um das Standardverhalten zu trainieren haben Sie unterschiedliche Möglichkeiten:

- Positive Verstärkung: Sobald Ihr Pferd das Standardverhalten zeigt, geben Sie Ihr Markersignal und Ihrem Pferd ein Leckerchen. Je öfter sie dieses Vorgehen wiederholen, desto größer wird die Wahrscheinlichkeit, dass Ihr Pferd dieses Verhalten in Abwesenheit anderer Signale oder sogar »zum Betteln« zeigt.
- Negative Verstärkung: Immer, wenn Ihr Pferd das Standardverhalten zeigt, entfernen Sie etwas für das Pferd Unangenehmes. Ihr Pferd zappelt beim Putzen? Pausieren Sie, sobald Ihr Pferd zum Beispiel die Nullposition einnimmt oder den Kopf senkt.
- Kein Signal ohne Standardverhalten: Diese Variante ist ohne großen Aufwand in den Alltag zu integrieren. Beginnen Sie Ihr Training zum Beispiel mit dem Verstärken der Nullposition. Geben Sie nach dem Füttern das nächste Signal erst, wenn Ihr Pferd wieder ruhig mit allen Hufen auf dem Boden steht. Warten Sie zwischen Halftern und Losgehen, bis ihr Pferd in Nullposition steht. Machen Sie die Nullposition zur Bedingung für das Grasen an der Hand oder die Freigabe der Futterschüssel. Wie Sie sehen, sind die Einsatzmöglichkeiten unbegrenzt. Da alle folgenden Verhaltensweisen sich für Ihr Pferd lohnen, wird es die Nullposition als Standardverhalten sozusagen in »Nullkommanix« verstehen.

Beispiel: Wallach Valiente

Ich wollte gerne einem Pferd eine Chance geben, das bisher weniger Glück im Leben hatte. So sah ich auf der Homepage eines Vereins, der sich um vernachlässigte Pferde in Spanien (Mallorca) kümmerte, den Wallach Valiente und im Oktober 2013 kam er bei mir in Deutschland an. Nach zwei Wochen Eingewöhnungszeit sollte er mit seinem Boxennachbarn zusammengeführt werden. Ein paar Huftritte später endete das mit einem angebrochenen Ellbogenhöcker und acht Wochen Boxenruhe für Valiente. Zum Zeitvertreib haben wir mittels Clickertraining begonnen, einen Pferdespielball zu apportieren. Ich kannte das aus dem Hundetraining, und Valiente fand es Klasse und hat begeistert mitgemacht.

Nachdem er wieder genesen war und insgesamt gut zu Kräften kam, stellte er sich als sehr besonderes Pferd heraus. Zwar haben ihn zwei Stimulationstests und ein Ultraschall als Wallach ausgewiesen, ein weiterer Bluttest ergab allerdings einen stark erhöhten Testosteronwert. Dieser beeinflusst Valientes Verhalten enorm. Er benimmt sich hengstiger als jeder richtige Hengst und trägt großes Aggressionspotential in sich. Zudem ist er vollkommen selbständig und nicht daran interessiert, sich Menschen oder anderen Pferden anzuschließen. Er steht unter permanentem Stress.

Valiente konnte sich nur schlecht und kurz konzentrieren und hatte keinerlei Interesse an irgendeiner Form von Zusammenarbeit. Druck führte, genauso wie fremde Pferde in Sichtweite, regelmäßig in die Eskalation. Dieses zeigte sich in Form von lautem Wiehern, Herumrennen um die Führperson und Steigen bis hin zum rückwärts Umfallen. Sollte er einen Huf geben, hat er sich einfach auf die Seite fallen gelassen. An seinem rechten Ohr trägt er eine große Narbe. Es war sehr lange unmöglich, ein Halfter über seinen Kopf zu ziehen.

Mittels positiver Verstärkung habe ich langsam einen Zugang zu ihm bekommen und festgestellt, dass ihm seine Autonomie am wichtigsten ist. Er muss die Wahl haben und Einfluss nehmen können. Genau dies kann ich ihm über die positive Verstärkung ermöglichen. Das Hufegeben hat er über Dauerfutter gelernt. Bein oben – Futter nonstop. Bein runter? Kein Problem, aber auch Futter-Stopp. Nach einer langen Odyssee der Hufpfleger habe ich eine Bearbeiterin gefunden, die ihm die Zeit gibt, die er braucht. Heute, siebeneinhalb Jahre später, kann er überwiegend ruhig stehen und braucht kein Dauerfutter mehr, aber immer noch eine hohe Belohnungsrate.

Das Halftern habe ich mehrfach neu aufbauen müssen. Valiente hat gelernt, eine Pylone mit der Nase zu berühren. Im nächsten Schritt kam das Halfter um die Pylone. Es wurde langsam immer höher gehalten, sodass er seinen Kopf hineinstecken musste, um an die Pylone zu kommen. Danach wurde die Pylone langsam abgebaut. Während der gesamten Trainingszeit ist er immer nur mit einem Knotenhalfter gehalftert worden, welches nicht über die Ohren gezogen werden musste. Trotz sorgfältigem Trainingsaufbau und -erfolg, hat er das Halftern nach einer Weile erneut verweigert. Darauf erfolgte erneut dieselbe Prozedur – Training mittels Pylone und Halftern mit Knotenhalfter.

Das Führen war eine Katastrophe, wenn wir anderen Pferden begegnet sind. Wie beschrieben ist Valiente vollkommen außer sich geraten und war nicht mehr ansprechbar. Je mehr er gemacht hat, desto mehr war ich gezwungen zu tun. So ist alles immer schlimmer geworden. Hier haben uns Nasentarget, Halftergriff und das Anhalten auf Ausatmen gute Dienste geleistet. Für das Nasentarget habe ich ihm einfach immer wieder meine Hand an die Nase gehalten und belohnt. Mittlerweile ist es ihm zum Reflex geworden und er berührt meine Hand automatisch. Durch den Halftergriff hat er gelernt, bis zu einem gewissen Grad mit Druck umzugehen. Und auf mein deutliches Ausatmen hin kann er Anhalten und Stehenbleiben. Letzteres kann er noch nicht lange. Jegliche Übungen haben immer wieder zu Stress geführt. Ich belohne momentan das Stehen und Warten hochfrequent und versuche, Bewegungen weniger zu belohnen. So können wir mittlerweile andere Pferde manchmal ganz ruhig passieren, manchmal mit händelbarer Aufregung. Aber keine völlige Eskalation mehr.

Eingesprüht werden hat Valiente gelernt, indem der Sprühstoß als Markersignal fungiert hat. Das Wasser sprüht in eine beliebige Richtung weg vom Pferd, woraufhin ein Keks folgt. Mittlerweile ist das Einsprühen gar kein Thema mehr. Und es war ein absolutes und andauerndes Kampfthema.

Bei allem was wir tun, sind immer nur kurze Einheiten von 5 bis maximal 10 Minuten sinnvoll. Valiente muss immer eine echte Wahl haben. Das heißt, er muss sich auch Kekse verdienen können, wenn er gerade nicht in der Lage ist, das geforderte Verhalten auszuführen. Ein ganz wichtiger Schlüssel im Umgang mit ihm ist deshalb die Nullposition als Anker. Was auch immer passiert, dahin können wir jetzt zurück zur Ruhe kommen. Und daraus starten wir auch in Ruhe. Auch das Kopfsenken hilft ihm zunehmend in die Entspannung und er nutzt es jetzt auch, um mir mitzuteilen, wenn er nicht mehr kann. Früher hat er in diesen Momenten geschnappt.

Er ist jetzt siebeneinhalb Jahre an meiner Seite. Seit einem Jahr reagiert er fast wie ein »normales« Pferd. Vor knapp vier Jahren hat er außerdem seinen eigenen festen Weidekumpel bekommen, weil er sich nicht in eine Herde integrieren konnte und mit Wechseln in der Herde gar nicht zurechtkam.

Dana

Start-Signal

Einer der häufigsten Einsatzzwecke eines Kooperationssignales ist das so genannte Start-Signal. Dabei signalisiert das Pferd über ein bestimmtes Verhalten, dass es bereit für eine Übung ist. Wichtig dabei ist, dass Ihr Pferd anhand der vorhandenen Umgebungssignale erkennen kann, welche Handlung auf sein Start-Signal folgt – und dass diese Konsequenz nicht folgt, wenn es das Start-Signal nicht zeigt. Lassen Sie Ihr Pferd doch einmal ein paar Schritte vor der bekannten Aufstiegshilfe stehen. Diese ist mit großer Wahrscheinlichkeit damit verknüpft, dass Sie dort immer aufsteigen. Was macht Ihr Pferd? Kommt es Ihnen zur Aufstiegshilfe entgegen oder entfernt es sich von ihr?

Dieses Pferd hat mittels positiver Verstärkung gelernt, die Zähne auf Signal zu zeigen, um die schmerzhafte Zahnbehandlung für alle Seiten entspannter zu gestalten.

Stute Chance signalisiert durch Kopfsenken, dass sie bereit für Berührungen auf dem Rücken ist.

Im Alltag gibt es unendlich viele Möglichkeiten, Start-Signale zu nutzen und so zusätzlich erwünschtes Verhalten zu trainieren und verstärken. Öffnen Sie Durchgänge nur, wenn das Pferd einen Schritt zurücktritt. Geben Sie den Futtereimer frei, wenn Ihr Pferd den Kopf senkt. Sprühen Sie Ihr Pferd ein, wenn es mit der Nase ein Target berührt oder beginnen Sie damit, Ihrem Pferd beim Putzen jede Bürste vorher kurz zu zeigen und starten Sie die Berührung erst, wenn es die Bürste kurz untersucht hat. Testen Sie so doch einmal, welche Putzutensilien Ihr Pferd gerne mag.

Stopp-Signal

Im Gegensatz zum Start-Signal kann Ihr Pferd beim Stopp-Signal eine Situation durch sein Verhalten beenden. Die Reihenfolge ist also genau umgekehrt. Das Stopp-Signal ist besonders bei länger andauernden Handlungen sinnvoll, bei denen Ihr Pferd Ihnen zum Beispiel signalisieren können soll, wenn es eine Pause benötigt oder sich eine Übung vom grünen in den gelben oder roten Stressbereich verschiebt. Bei der Hufbearbeitung können Sie zum Beispiel den Huf absetzen, sobald Ihr Pferd ein Target berührt oder eine Schermaschine immer ausschalten, wenn es den Kopf senkt. Einige Reiter haben Ihren Pferden beigebracht, dass Sie absteigen, wenn das Pferd den Fuß des Menschen oder den Steigbügel mit der Nase berührt. Auf dem Reitplatz kann eine Matte im Bereich des Ausgangs bereitliegen, auf die das Pferd gehen kann, um eine Pause zu bekommen.

Wichtig ist auch hier die Reihenfolge der Ereignisse. Sie können Ihrem Pferd Start- und Stoppsignale darüber beibringen, dass Sie wiederholt zwei verschiedene Dinge miteinander verknüpfen. Genauso wie bei der Verknüpfung von Markersignal und Futter lernt Ihr Pferd, dass diese zwei Dinge zeitlich zusammengehören. Achten Sie im Alltag einmal darauf, welche Start- und Stopp-Signale Sie bereits unbewusst nutzen. Viele Pferde nutzen Verhaltensweisen wie Schweifschlagen, Ohrenanlegen oder Ausweichen als Stopp-Signal, da die meisten Menschen darauf zumindest kurzfristig mit dem Aussetzen einer unangenehmen Tätigkeit reagieren. Fällt Ihnen auf Anhieb solch eine Situation mit Ihrem Pferd ein? Dann probieren Sie doch einmal aus, ob Sie Ihrem Pferd ein anderes Verhalten als Ersatz beibringen können.

Ponystute Shawano hat durch das Kooperationssignal »Kopf auf Arm legen« die Kontrolle über die Behandlung einer schmerzhaften Augenverletzung.

Gemeinsame Fortbewegung

Besonders die gemeinsame Fortbewegung mit dem Menschen ist bei den in diesem Buch angesprochenen Pferden oft bereits negativ vorbelastet. Sei es durch mangelndes Training, traumatische Situationen oder schlicht der Tatsache, dass sich Losreißen oder andere Verhaltensweisen in der Vergangenheit bereits oft genug gelohnt haben, um einer vermeintlich furchteinflößenden Situation zu entkommen. Nehmen Sie sich daher die Zeit, mit gutem Führtraining eine solide Basis für die weitere gemeinsame Zeit mit Ihrem Pferd zu schaffen.

Gehen am Strick

Ein Pferd mit Halfter und Strick führen zu können, ist die Ausgangsbasis für alle weiteren Übungen. Dazu sollte das Pferd sowohl das Halfter als auch den losen Strickkontakt bereits als ungefährlich kennengelernt haben. Im nächsten Schritt können Sie in einer sicheren Arbeitsumgebung mit der gemeinsamen Fortbewegung beginnen. Dazu können Sie zum Beispiel selbst einen Schritt machen und warten, bis das Pferd zu Ihnen aufschließt oder ein Target zur Hilfe nehmen. Wichtig ist, dass das Pferd nicht über Zug am Strick oder das Treiben mit Gerte oder anderen Hilfsmitteln zum Antreten gezwungen wird. Um ihr Pferd langfristig und später auch in furchteinflößenden Situationen führen zu können ist es umso wichtiger, dass Ihr Pferd lernt, diesen entscheidenden wortwörtlichen ersten Schritt freiwillig und aus eigenem Antrieb machen zu können. Als Signal zum Antreten können Sie zum Beispiel eine einladende Geste mit der nicht strickführenden Hand machen, so als ob Sie einen menschlichen Partner zum Tanz auffordern wollen. Viele Pferde reagieren ausgesprochen gut auf diese Geste.

Ein sehr klar strukturierter und damit auch hilfreicher Übungsaufbau ist dabei ein Kreis aus Pylonen oder Markiertellern. Dabei gehen Sie mit Ihrem Pferd gemeinsam von Pylone zu Pylone und clicken dabei immer, sobald Sie die nächste Pylone erreichen. Dort füttern Sie im Stehen und können so wieder gemeinsam angehen. Da es immer nur wenige Schritte bis

Einladende Geste zum Antreten.

Mit Hilfe von Pylonenkreis und Absperrband kann das Pferd zum Beispiel auf das Longieren vorbereitet werden.

zur nächsten Pylone sind, haben Sie und Ihr Pferd auf diese Weise viele Erfolgserlebnisse und wenige Fehlerquellen und können so – ohne riesige Strecken zurückzulegen – in einer einzigen Einheit viele Male das Losgehen und Anhalten üben.

Rückwärts gehen

Das Rückwärtsgehen ist oft besonders stark vorbelastet, da es den Pferden erstens auf Grund ihres Körperbaus nicht besonders leichtfällt und zweitens in vielen Trainingssystemen das »Rückwärtsschicken« eine beliebte und häufig angewandte Korrektur- und Strafmaßnahme darstellt. Dabei wird nicht selten auch mit Schmerzreizen, wie dem Schlag mit der Gerte auf die Pferdebrust oder des Seilendes auf die empfindliche Pferdenase, gearbeitet.

Wenn Sie mit Ihrem Pferd bereits ein zuverlässiges Vorwärts erarbeitet haben, können Sie im nächsten Schritt das Rückwärts dazu nehmen. Je nach Vorerfahrung Ihres Pferdes können Sie sich dabei auf das Pferd zudrehen oder neben dem Pferd selbst einen Schritt rückwärts machen und es mit dem Futter in Position füttern. Auch ein Target kann an dieser Stelle gute Dienste leisten. Sollte Ihr Pferd bei jeglicher Art von Rückwärtsanfrage mit Steigen, Über-die-Schulter-Drängen oder sonstiger Abwehr reagieren, bitten Sie unbedingt einen Tierarzt oder Osteopathen (Physiotherapeuten etc.) um seine Einschätzung. Sehr oft resultieren diese Schwierigkeiten aus schmerzhaften Verspannungen im Rücken- und Lendenbereich oder beginnenden Arthrosen in den empfindlichen Knie- und Sprunggelenken. Setzen Sie das Rückwärts als Übung in diesem Fall nur sehr dosiert und durchdacht im Training ein. An vielen Stellen muss das Pferd nicht zwingend rückwärts treten, sondern kann auch in einem Bogen an die gewünschte Position geführt werden.

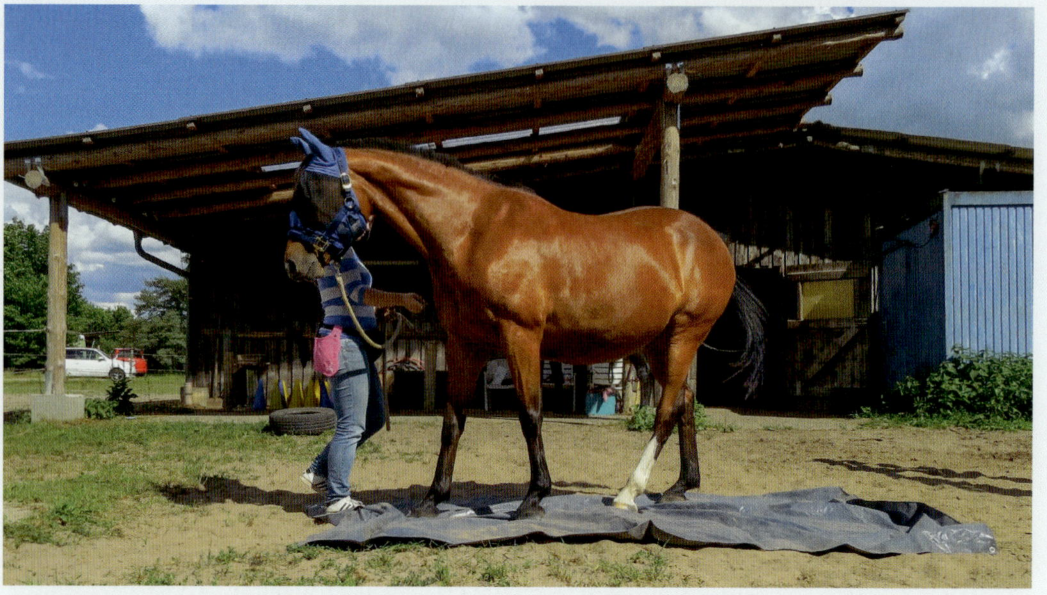

Rückwärts zu treten ist für viele Pferde eine körperlich anspruchsvolle Übung.

Anhalten, Stehen und die Notbremse

Eine weitere wichtige Übung ist das Anhalten. Nach Übungen wie dem Halftergriff und dem Training mit dem Pylonenkreis kann eine weitere sehr sinnvolle Übung das Anhalten bei auf dem Boden schleifendem Strick oder Zügel sein. Angelehnt an das so genannte Ground-Tying, bei dem das Pferd lernt, neben einem am Boden liegenden Strick stehen zu bleiben, können Sie diese Übung auch mit Hilfe von Click und Futter trainieren. Dazu lassen Sie nach dem Anhalten den Strick auf den Boden fallen bevor Sie clicken und Ihrem Pferd das Leckerchen geben. Bald wird der fallengelassene Strick so zur Vorankündigung für das begehrte Leckerchen.

Im nächsten Schritt können Sie das Fallenlassen des Strickes in der Bewegung mit dazu nehmen. Helfen Sie Ihrem Pferd zunächst dadurch, dass Sie in diesem Moment ebenfalls Stehenbleiben und weiten Sie Ihre eigene Entfernung nach und nach aus. Sollte sich Ihr Pferd in Zukunft einmal losreißen, wird es sich bei guter Vorarbeit an diese Übung erinnern, sobald der Strick am Boden schleift! Damit dieses Verhalten wirklich auch im Notfall funktioniert sind allerdings viele Wiederholungen unter diversen Ablenkungen nötig.

Als anderes Signal kann zum Beispiel ein laut ausgesprochenes Wort dienen. Dabei ist es wichtig, auch zu trainieren, dass das Signal nicht nur leise ausgesprochen, sondern auch laut gerufen wird. Denn genau das werden Sie im Fall des Falles tun. Haben Sie das nicht im Vorfeld geübt kann es sein, dass Ihr Pferd auf die geänderte Lautstärke reagiert und das Signal nicht mehr erkennt oder sogar Angst bekommt.

Spazierengehen

Das Spazierengehen ist für viele Pferde eine riesengroße Herausforderung. Nicht nur die Trennung von der Herde, sondern auch die unbekannte Umgebung und die vielen neuen Sinneseindrücke müssen verarbeitet und bewertet werden. Beginnen Sie also mit wirklich kleinen Runden. Schon 50 Meter in eine unbekannte Richtung können ein Trainingsschritt für mehrere Wochen sein. Zwingen Sie Ihr Pferd nicht zu Spaziergängen, wenn es sich dabei offensichtlich unwohl fühlt. Sie haben in diesem Buch bereits gelernt, dass die wiederholte Konfrontation mit Angstauslösern eher zu einer Verschlimmerung als zu einer nachhaltigen Verbesserung der Situation führt, solange die Situation für das Pferd unkontrollierbar ist oder erscheint. Die Begleitung durch souveräne Herdenmitglieder, kann für Ihr Pferd eine große Hilfe, aber kein Allheilmittel sein.

Dabei geht es nicht darum, Ihr Pferd für immer in Watte zu packen, sondern die Kriterien in kleinen und machbaren Schritten zu steigern. Verlagern Sie am besten das gewohnte Führtraining nach und nach an unterschiedliche Orte, ohne den Aufbau und die Anforderungen zu schnell zu steigern. Laternenpfähle oder Zaunpfosten können dabei zum Beispiel die Pylonen ersetzen und zeitgleich Ihrem Pferd Sicherheit und klare Kriterien bieten.

Spazierengehen kann das Leben Ihres Pferdes bereichern, wenn es sorgfältig trainiert wurde.

Lassen Sie zu Beginn vielleicht auch von Helfern die Strecke absichern, sodass Ihr Pferd im Notfall weder in den fahrenden Verkehr geraten noch kilometerweit davonrennen kann. Auch unterwegs versteckte Futterschüsseln mit dem Lieblingsfutter Ihres Pferdes können die Spaziergänge in eine aufregende Schatzsuche verwandeln.

Manipulation und Medical Training

Ein weiterer Themenbereich ist der generelle Umgang mit Stressreizen, egal ob sich dabei um Berührungen, Geräusche oder Sichtreize handelt. Ein wenig sind wir darauf bereits zu Beginn des Praxisteils im Abschnitt über Annäherung und Rückzug eingegangen. Das grundlegende Vorgehen unterscheidet sich daher auch nicht besonders, auch wenn die Reize unterschiedliche Reaktionen der Pferde auslösen. Bewusst vermeiden wir an dieser Stelle Begriffe wie »Aushalten« oder »Ertragen«, denn langfristig ist es wichtig, dass das Pferd immer mehr alternative Verhaltensweisen kennenlernt, um mit solchen Situationen umzugehen.

Sichtreize und Geräusche

Bei Stressreizen, die typischerweise bereits auf Entfernung wahrgenommen werden, wie Sichtreize oder Geräusche, ist es wichtig, mit großem Abstand und niedrigem Reiz zu beginnen. Beginnen Sie zunächst damit, eine gewünschte Reaktion Ihres Pferdes, wie zum Beispiel ein Kopfsenken, mit Click und Leckerchen und dem anschließenden Abwenden vom Stressreiz zu verstärken. So kann es die Situation kurz verarbeiten und sich anschließend erneut dem Auslöser stellen.

Beginnen Sie das Training nicht direkt mit dem größten Traktor der Umgebung, sondern steigern Sie die Anforderungen langsam.

Nach und nach können Sie sowohl die Intensität des Stressreizes als auch die Entfernung verändern und die Kriterien steigern. Achten Sie immer darauf, unterhalb der Reizschwelle Ihres Pferdes zu bleiben.

Anfassen und Manipulation

Auch bei der Berührung und Manipulation durch den Menschen ist eine ähnliche Vorgehensweise empfehlenswert. Beginnen Sie dabei zuerst an einfachen Körperstellen und mit kurzen Berührungen. Bei besonders berührungsempfindlichen Pferden kann das zum Beispiel zunächst eine Berührung mit dem Handrücken oder sogar die Annährung der Hand ohne Berührung sein. Auch hier Clicken Sie im Moment der Berührung, lösen diese anschließend auf und geben Ihrem Pferd sein Leckerchen. Später können Sie die Berührungen auf andere Körperteile ausweiten und in Art und Intensität variieren, bevor Sie weitere Gegenstände hinzunehmen. Auch die Dauer können Sie nach und nach Ausbauen, indem Sie zum Beispiel einen Helfer bitten, das Pferd an Ihrer Stelle zu füttern, während Sie es am ganzen Körper abstreichen. So können Sie Ihr Pferd auch auf die Untersuchung des Tierarztes oder die Bearbeitung durch den Hufschmied vorbereiten.

Achten Sie dabei genau auf die Reaktionen Ihres Pferdes. Wo findet es Berührungen

Beginnen Sie Übungen wie die Augenuntersuchung in kleinen Schritten und verknüpfen Sie diese mit bekannten Übungen wie dem Halftergriff.

angenehm und wo weicht es Ihnen aus? Mag es lieber sanftes Streicheln oder festes Kratzen? Gerade die empfindliche Haut von Sommerekzemern oder Pferden mit anderen Hautproblemen oder Krankheiten ist zu manchen Jahreszeiten extrem berührungsempfindlich. Üben Sie außerdem, einzelne Körperteile Ihres Pferdes langsam zu bewegen und verstärken Sie die Momente, in denen sich Ihr Pferd ruhig und passiv von Ihnen manipulieren lässt. Falls es mit deutlicher Abwehr reagiert war der Schritt allerdings zu groß. Gehen Sie in diesem Fall zurück zum Abstreichen. Üben Sie dies ruhig bei jedem Putzen. So haben Sie schon vor der Arbeit ein Gefühl dafür, was Ihrem Pferd in dieser Einheit leicht oder schwerfallen könnte. Das Training daran anzupassen ist ein Zeichen Ihrer Wertschätzung und Stress und Abwehrverhalten können so von vornherein vermieden oder zumindest verringert werden.

Unbekannte Objekte und Menschen

Sobald Sie selbst die beschriebenen Punkte mit Ihrem Pferd trainiert haben, ist es an der Zeit auch unbekannte Personen in das Training miteinzubeziehen. Das können

Auch mit einer bekannten Übung wie dem Handtarget können Sie dem Pferd helfen, mit unangenehmen Berührungen besser umzugehen.

Binden Sie möglichst bald auch fremde Personen in das bekannte Training mit ein.

zunächst bekannte Miteinsteller sein oder gute Freunde, später auch fremde Personen, Hufbearbeiter oder Tierärzte. Zeigen Sie Ihrem Helfer dabei zunächst, was Sie bisher trainiert haben, während er passiv danebensteht. Nach und nach kann er die Bewegungen und Berührungen übernehmen, während Sie sich auf das Clicken und Füttern beschränken. Haben Sie eine Notfallkontaktperson, die Sie im Fall des Falles bei der Versorgung Ihres Pferdes unterstützt? Diese sollte, sobald es geht, in das Training mit involviert werden.

Für Fortgeschrittene

Verhalten unter Ablenkung

Für alle Übungen gilt, dass sie nach einer Weile auch unter Ablenkung geübt werden sollten.

Trainingsplan+Video: Unbekannte Objekte

Pferde verknüpfen die Umgebung als Teil der Übung mit. Kann Ihr Pferd also auf dem Reitplatz sicher geführt oder geritten werden, sagt es noch nichts darüber aus, ob es das auch am Rand einer Wiese kann, auf der Kinder gerade Drachen steigen lassen. Und ein Pferd, das in der Box höflich vor seinem Futtertrog warten kann, kann das noch lange nicht im Offenstall zwischen 15 weiteren Pferden. Machen Sie sich eine Liste, in welchen Umgebungen Sie mit Ihrem Pferd unterwegs sein könnten und welche Ablenkungen dort auftreten können.

Der Fall des Falles

Eine zusätzliche Bezugsperson ist besonders für ängstliche Pferde in Notfällen wichtig.

Wie schnell es plötzlich kommen kann, mussten meine Stute Chance und ich Ende 2013 erleben. Ohne Vorwarnung musste ich von einem Tag auf den anderen für mehrere Monate ins Krankenhaus. Wir waren erst kurz vorher in den Stall gezogen, sodass auch der normale Alltag keine Routine darstellte. Es war es Winter, es ging um Eindecken, Füttern und weitere Dinge, die ich bis zu diesem Zeitpunkt komplett alleine übernommen hatte. Außerdem ging unsere langjährige Hufbearbeiterin zeitgleich in die Schwangerschaftspause, was einen Bearbeiter-Wechsel erforderlich machte. Glücklicherweise stand eine gute Freundin mit ihren Pferden im Nachbarstall, die meine Stute von regelmäßigen Besuchen bereits kannte und die ihre Pferde ebenfalls mit Hilfe der positiven Verstärkung ausbildet. Gemeinsam haben sie die folgenden Monate gemeistert und auch heute noch hilft meine Freundin mir oft. Ohne diese bekannte Person wäre es für meine Stute damals ziemlich schwierig geworden, da sie große Probleme damit hat, sich von Fremden berühren oder händeln zu lassen.

Tine

Laden Sie Freunde mit Kindern oder Hunden in den Stall ein und bitten Sie diese zunächst ruhig in etwas Entfernung zu warten, während Sie mit Ihrem Pferd üben. Später können Sie daraus ein Spiel für Ihr Pferd machen, in dem die Frage immer heißt »Kannst du auch … wenn …?« Also zum Beispiel, »Kannst du auch auf der Matte stehen, während ein Hund um dich herumgeführt wird?« oder »Kannst du auch höflich vor einer Futterschüssel warten, während jemand neben dir in einer Papiertüte nach Leckerchen sucht?« Und wie sieht es aus mit Radfahrern, Joggern oder anderen Pferden? Je mehr Ablenkungen Sie bereits im Training einführen, desto gelassener wird Ihr Pferd im Alltag.

Verladetraining

Das Hänger- oder Verladetraining ist sicherlich für viele Pferde eine der größten Herausforderungen. Dabei muss es nicht nur über unbekannten Untergrund in eine enge Kammer gehen, in der es seinen Rundumblick aufgeben muss, zusätzlich kann es Geräusche nicht mehr zuordnen, es kommen Berührungen am ganzen Körper und laute Geräusche hinzu und nicht zuletzt auch noch die aufregende Fahrt. Sie ahnen schon, dass es hier viele Bausteine gibt, die man zunächst einmal komplett ohne Hänger üben kann und sollte. Ein ausführlicher Trainingsplan würde den

Rahmen des Buches leider sprengen, daher möchten wir Ihnen an dieser Stelle einen Überblick darüber geben, welche Vorübungen für Ihr Pferd hilfreich sein können. Das weitere Training sollte nach Möglichkeit immer mit Hilfe eines erfahrenen Trainers stattfinden, vor allem wenn Ihr Pferd bereits schlechte Erfahrungen mit dem Hänger gemacht hat. Achten Sie außerdem darauf, dass der Hänger auf die Größe Ihres Pferdes angepasst ist, besonders, wenn dieses sehr klein oder groß ist. Für große oder schwere Pferde sind die Standard-Hänger oft zu klein und niedrig, während ein Pony durch zu hoch angebrachte Stangen in keiner Form gesichert ist.

Das Verladetraining gehört für viele Pferde zu den schwierigsten Übungen.

Checkliste: Verladetraining

Haben Sie mit Ihrem Pferd bereits die folgenden Punkte trainiert? Dann sind Sie für das zukünftige Verladetraining bestens vorbereitet.

- *Führen von beiden Seiten und einzelne kontrollierte Schritte vor oder zurück (Stimmsignale)*
- *Stehenbleiben, wenn der Mensch sich entfernt (Dauer)*
- *Halftergriff*
- *Nachgeben auf Zug am Strick, zum Beispiel durch Kopfsenken*
- *Das Stehen auf einem Bodentarget wie der Matte*
- *An jedem beliebigen Ort abwechselnd gehen und stehen können*
- *Über unbekannte Untergründe laufen*
- *Durch einen Engpass laufen*
- *Unter etwas Niedrigem hindurch laufen*
- *Berührungen am Körper, vor allem an der Hinterhand*
- *Geräusche hinter einer Absperrung*
- *Motorengeräusche*
- *Begrenzung durch Stangen o.ä.*
- *Dunkelheit*
- *Mehrere Personen am Pferd*

Schlusswort

Zum Abschluss dieses Buches möchten wir Ihnen unsere Pferde und Wegbegleiter vorstellen. Diese ganz besonderen Pferde mit all ihren vergangenen Erfahrungen und Einschränkungen haben uns dazu gebracht, unser Training immer wieder zu hinterfragen. Sie haben uns gezeigt, dass Dinge nicht per Definition funktionieren, nur weil sie bei anderen Pferden so kein Problem sind. Sie haben uns gezeigt, dass die Einstellung »Das macht man halt so« die denkbar schlechteste Trainingsgrundlage darstellt. Für sie haben wir uns auf den Weg gemacht, immer bessere Trainerinnen zu werden. Ein Weg, bei dem es kein finales Ziel gibt. Jeder einzelne Tag mit unseren Pferden ist ein wertvoller weiterer Schritt. Lassen Sie sich niemals entmutigen und betrachten Sie Ihr Pferd als das was es ist – ein ganz besonderes Lebewesen.

Wir wünschen Ihnen alles Gute auf Ihrem gemeinsamen Weg.

Christine Dosdall
Kathrin Guter-Wycisk

Unsere Pferde

Jasmin

Geboren: 1991
Wegbegleiterin von: Kathrin

Jasmin kam im Alter von 6 Jahren über einen Händler zu mir. Damals war mir gar nicht bewusst, wie tief ihre Probleme zu dieser Zeit saßen. Meine Einstellung, dass mit Geduld und liebevoller und konsequenter Behandlung alles in den Griff zu bekommen ist, wurde von Jasmin komplett ausradiert. Sie biss in Situationen, in denen sie nicht flüchten konnte, egal ob man sie anfassen oder einfach nur an ihrer Box vorbeigehen wollte. Ein normaler Alltag war unmöglich, denn es gab kein Herankommen an sie ohne Attacke oder Flucht. Termine mit Hufschmied und Tierarzt waren der Horror schlechthin und nur mit vorheriger Sedierung überhaupt möglich. Wobei auch die Sedierung auf »normalem« Weg unmöglich war. Mein damaliger Tierarzt hatte Erfahrung mit Zootieren und griff zum einzig möglichen Mittel – so wurde sie die erste Zeit nur mit Blasrohr betäubt. Heute steht sie ruhig beim Hufschmied, wir können Spazierengehen und Jasmin führt ein relativ normales Pferdeleben. Für all das, was sie mir im Laufe der Jahre an Wegen und neuen Möglichkeiten eröffnet hat, danke ich ihr von Herzen.

Frederika

Geboren: 2015
Wegbegleiterin von: Kathrin

Frederika, genannt Frieda, ist unser Haflinger-Jungspund und ein echter Wirbelwind. Wir haben sie fünfjährig gekauft, weil wir uns spontan in sie verliebt haben – und dass, obwohl man schon ahnen konnte, dass sie kein 08/15 Pferd werden würde. Und das ist sie auch nicht. Friedas Anforderungen an gutes Training sind sehr hoch und sie benötigt viel Sicherheit und Stabilität, sowohl im Training, als auch im Alltag. Alles, was nicht sofort von ihr verstanden wird, macht ihr Stress und mit diesem geht sie meist sehr offensiv um. Trotzdem macht es mir unglaublich viel Spaß, Frieda auf ihr Reitpferdeleben vorzubereiten und sie weiter zu begleiten. Mit ihr ist kein Tag wie der andere, vieles wird von ihr hinterfragt und ich darf immer wieder feststellen, dass es neben kleinen Trainingsschritten auch kleinste und mikroskopische Trainingsschritte gibt, dass Übungen auch auf ganz andere Weise erklärt werden können und dass sinnvolles Management zu Sicherheit auf beiden Seiten führt. Frieda auf ihrem Weg zu begleiten ist ein Geschenk, für das ich jeden Tag sehr dankbar bin, denn nebenbei ist sie dem Menschen zugewandt und kann Streicheleinheiten auch von den Kids sehr genießen.

Estella's Chance

Geboren: 2006
Wegbegleiterin von: Christine

Chance musste in ihrer Fohlenzeit so ziemlich alles durchmachen, was ein junges Pferd in seiner Entwicklung beeinträchtigen kann. Sehr frühes Absetzen und anschließend zweieinhalbjährige Haltung ohne Pferdekontakt mit zusätzlicher Mangelernährung haben dabei ihre Spuren hinterlassen. Neben körperlichen Beeinträchtigungen wie Sommerekzem und Fehlstellungen der Hufe war auch das ganz normale Leben in der folgenden Mini-Herde und der erste Menschenkontakt eine permanente Reizüberflutung. Während sie inzwischen in vielen Bereichen wie ein ganz normales Pferd leben kann, wozu ein konstanter Herdenverband und rund um die Uhr verfügbares Futter zählen, ist das Training jeden Tag aufs Neue eine Herausforderung. Stress und Übersprungshandlungen sind unser täglicher Begleiter. Seit 2010 gehören wir zusammen und ohne die Unterstützung von Hufbearbeiterin, Osteopathin, Zahnarzt und wirklich guten Freundinnen wäre all das, was wir inzwischen erreicht haben, niemals möglich gewesen.

Seit der Veröffentlichung von »Angst, Stress und Unsicherheit beim Pferd« konnten wir einige Bedingungen für sie durch einen Stallwechsel deutlich verbessern, sodass auch das Training an vorbelasteten Themen möglich wurde. Ich kann sie inzwischen selbst in den Muskel spritzen und so unter tierärztlicher Aufsicht sedieren und auch der Reitplatz hat seinen Schrecken verloren. Gesundheitliche Themen wie dauerhafte Lahmheiten und Schmerzen, sowie die damit zusammenhängenden emotionalen Schwierigkeiten begleiten sie allerdings weiterhin und bestimmen unseren Alltag.

Shawano

Geboren: ca. 1987
Wegbegleiterin von: Kathrin

Shawano ist einfach zauberhaft. Sie wurde auf einem Kinderreiterhof »aussortiert«, weil sie schlug – was schnell in den Griff zu bekommen war, denn dieses Pony ist ein kleiner Sonnenschein. Im Zuge einer Augenerkrankung und ihrer überaus leichten Erregbarkeit zeigte sie zeitweise deutlich übersteigerte Ängste, die durch Training, Medikation und OP gut therapierbar waren.

Kurz vor Beendigung dieses Buches ging Shawano über die Regenbogenbrücke. Ich danke ihr von ganzem Herzen für die wunderbaren Jahre, für all die schönen, traurigen und lustigen Momente. Sie war eine ganz besondere und einzigartige Ponypersönlichkeit, mit einem außergewöhnlich sonnigen Gemüt. Du bleibst für immer in unseren Herzen.

Naidoo

Geboren: 2004
Wegbegleiter von: Kathrin

Naidoo hatte, als er einjährig zu mir kam, schon mehrere Vorbesitzer und einiges erlebt. Leider wurde er sehr früh und unvernünftig abgesetzt, was zu ersten traumatischen Erfahrungen führte. Er hatte immer Probleme, sobald ein Pferd den Stall verlassen hat. Diese Probleme machten sich auch deutlich über das »normale" Kleben hinaus bemerkbar. Mit seiner Bezugsperson kann er relativ entspannt, wenn auch noch in sehr eingeschränktem Rahmen, den Stall und die Anlage für Minispaziergänge verlassen. Verlässt aber ein wichtiger Pferdekumpel den Stall und ist dazu noch die Bezugsperson abwesend, gerät er in Panik und macht in extrem Fällen auch vor dem Elektrozaun, Menschen und festen Umzäunungen nicht halt.

Er hatte anfangs große Probleme sich einzufinden, biss ständig, heftig und vermeintlich ohne Vorwarnung und litt an ständigen gesundheitlichen Problemen. Die Termine beim Hufpfleger waren damals eine riesige Herausforderung, auch er hat damit heute keine Probleme mehr. Trotz allem ist er außerhalb seiner gewohnten Umgebung unglaublich ängstlich und bekommt sehr schnell Panik, was bei einem Pferd seiner Größe und Statur eine echte Herausforderung ist. Trotz all seiner Erfahrungen liebt er es gestreichelt und massiert zu werden und ist Menschen gegenüber sehr aufgeschlossen.

Naidoo hat im Juli 2018 diese Welt verlassen. Er fehlt hier immer noch so sehr und gleichzeitig bin ich ihm von ganzem Herzen dankbar für die gemeinsam verbrachten Jahre. Von Naidoo durfte ich so viel lernen, unter anderem, wie tief die gemeinsame Verbindung sein kann. Du bist für immer in meinem Herzen und schaust beim Training über meine Schulter.

Da Vinci

Geboren: 2010
Wegbegleiter von: Christine

Da Vinci ist ein Minishetty-Wallach, der als Hengst mit kaputten Knien keine wirkliche Perspektive gehabt hätte. In der Minishetty-Herde und auch im Umgang mit dem Menschen begeistert er mit seinem sonnigen Gemüt und seinem unerschöpflichen Frohsinn. Trotz allem ist er auch ein sehr aufmerksames und sensibles Pferd, das sehr schnell aus Versehen überfordert werden kann, weil er dem Menschen nach außen hin überhaupt nichts übelnimmt und alles verzeiht. 2018 hat Da Vinci bei Sonja ein Zuhause auf Lebenszeit gefunden und ist dort das Herzenspferd, welches er bei mir nicht sein konnte.

Noch ein letztes Wort zu den Bildern und ein großes Dankeschön

Ein besonders herzlicher Dank geht an all diejenigen, die uns freundlicherweise die Fotos für dieses Buch zur Verfügung gestellt haben. Bei solch einem emotionalen Thema ist es nicht immer leicht, eben auch die andere Seite zu zeigen und kostet einiges an Überwindung. Uns war es dennoch ein wichtiges Anliegen, für dieses Buch und die Fotos kein einziges Pferd absichtlich in eine unangenehme oder beängstigende Situation zu bringen, weshalb wir vollständig auf Archivaufnahmen zurückgegriffen haben – an dieser Stelle ein ganz besonderer Dank an Svenja, ohne deren Bilderarchiv wir viele Fotos nicht hätten. In diesem Buch geht es also nicht um »spektakulärer, schockierender, dramatischer«, sondern um die vielen kleinen Momente, die unseren Alltag mit den Pferden bestimmen.

An dieser Stelle möchte ich die Gelegenheit nutzen, um »Danke« zu sagen. Meinen Pferden, Jasmin und Frieda, einfach Danke für die wundervolle, lehrreiche Zeit. Auf viele weitere gemeinsame Jahre, mit Pferdeduft in der Nase, Wind in der Mähne und gemeinsamen Glücksmomenten. Meinem Mann, Mitstreiter, Stallhelfer, Alles-möglich-Macher und meiner ganz großen Liebe, Danke, dass du ausnahmslos immer zu und hinter mir stehst, dass ich bei dir einfach ich sein kann, mit allen Ecken und Kanten und du mich nicht nur trotzdem liebst, sondern genau deswegen. Meinen Mädels Naimi und Lani, ihr seid jede für sich ein kleines, großes Wunder. Tine, Danke, dass du genauso wie ich für dieses Thema brennst und all dein Herzblut, Wissen und Erfahrung hier mit einbringst. Ohne dich würde Bücher schreiben nur halb so viel Spaß machen. Danke an alle Kunden für euer Vertrauen, euren Mut und eure Begeisterung. Und nicht zuletzt, Danke an dich lieber Leser, der du gerade dieses Buch in Händen hältst. Für dich und dein Pferd wurde dieses Buch geschrieben und es ist eine Freude zu sehen, dass es den Weg zu dir gefunden hat.

Kathrin

Chance, ich danke dir dafür, dass du mir gezeigt hast, was bedingungslose Liebe ist. Ohne dich wären so viele Dinge in meinem Leben anders gelaufen. Liebe Andrea, liebe Anna, liebe Iza – ihr seid die besten Pferdepatentanten und Freundinnen auf der Welt. Frieda und Saskia, ohne euch als Krümel-Notfall-Team wären wir sicher schon lange verzweifelt, mein Dank dafür ist unendlich. Kathrin, ich danke dir für dein Vertrauen und die unermüdliche Arbeit zum Wohl der Pferde, egal wie schwierig der Weg sein mag. Und natürlich Silvio und Mucki – ich danke euch aus tiefstem Herzen dafür, dass ihr mich immer gernhabt und unterstützt, auch wenn ich entweder tatsächlich oder nur mit dem Kopf bei den Pferden bin.

Tine